大匠出而百业隆，百业隆则国运盛。

「大国工匠工作法」丛书

高凤林工作法

——典型金属材料复杂结构手工焊接

中国工人出版社

图书在版编目（CIP）数据

高凤林工作法：典型金属材料复杂结构手工焊接 / 高凤林著；
中国职工技术协会组织编写 .—北京：中国工人出版社，2018.6
ISBN 978-7-5008-7019-7
Ⅰ . ①高…　Ⅱ . ①高… ②中…　Ⅲ . ①焊接工艺　Ⅳ . ① TG44
中国版本图书馆 CIP 数据核字（2018）第 135200 号

高凤林工作法 —— 典型金属材料复杂结构手工焊接

出 版 人　王娇萍
责任编辑　习艳群
责任校对　赵贵芬
责任印制　栾征宇
出版发行　中国工人出版社
地　　址　北京市东城区鼓楼外大街 45 号 邮编：100120
网　　址　http://www.wp-china.com
电　　话　（010）62005043（总编室）
　　　　　（010）62005039（出版物流部）
　　　　　（010）62382916（职工教育分社）
发行热线　（010）62005996　（010）82075964（传真）
经　　销　各地书店
印　　刷　北京美图印务有限公司
开　　本　880 毫米 ×1230 毫米 1/32
印　　张　9.5
字　　数　150 千字
版　　次　2019 年 1 月第 1 版 2019 年 11 月第 2 次印刷
定　　价　42.00 元

大国工匠工作法丛书｜编委会

序

劳动是人类的本质活动，也是人类最伟大的生存行为，更是人类进化的必然手段。但不得不说，并不是所有人都能理解劳动的含义，漠视劳动甚至于歧视劳动的思想及行为在当下仍然十分普遍。这对我国产业工人队伍建设和成长产生了不利的影响，我国产业工人队伍整体素质偏低、结构不合理的现状就是后果之一，制约了我国经济发展的步伐。

高素质劳动力的产生和成长需要土壤、温度和环境，“劳动最光荣、劳动最崇高、劳动最伟大、劳动最美丽”的理念以及“尊重劳动、崇尚创造”的观念，应当成为我国走向现代、富强和文明过程中的共识，并且落实到所有和劳动、劳动者有关的社会活动中。

中国工人出版社出版《大国工匠工作法》丛书，就是尊重劳动、尊重劳动者、尊重劳动者首创精神的积极举措。阅读这套丛书，相关行业的劳动者能有启发，能记住或许还能直接用上，提升自我的职业技能水平。通过这套丛书的出版，激起各行各业技术工人钻研技术的兴趣，展示产业工人在技术技能创新方面的更多价值，那就是这套丛书出版的最大收获和惊喜，值得为此点赞！

2013年4月28日，习近平总书记在和全国劳动模范座谈时提出：我国工人阶级要增强历史使命感和责任感，立足本职、胸怀全局，自觉把人生理想、家庭幸福融入国家富强、民族复兴的伟业之中，把个人梦与中国梦紧密联系在一起，始终以国家主人翁姿态为坚持和发展中国特色社会主义作出贡献。当代工人不仅要有力量，还要有智慧、有技术，能发明、会创新，以实际行动奏响时代主旋律。

工人是普通劳动者，劳动者的责任和使命不是一句空话，是体现在劳动和劳动成果中的。就劳动而言，现在看也远不是过去意义上的简单劳动。

愚公移山是一个家喻户晓的寓言故事。愚公带领他的子孙每天不停地挖山，要搬走门前的太行、王屋两座大山。最终是愚公的精神感动了天帝，天帝派神仙把山背走了。假设穿越一下，回到没有炸药、没有机械工程的那个年代，愚公的后代大概到现在还在挖山。

这个寓言故事给我们的启迪应当多一层，吃苦耐劳、艰苦奋斗的劳动精神我们绝不能丢，但是劳动的方式、方法和劳动工具更值得我们去研究和运用。换句话说，当今的工人应当具备与岗位工作相适应的职业能力，否则承担责任和使命都是空的。

我以码头装卸生产为例。早的不说，20世纪70年代码头生产已经是机械化操作了，1万吨的矿石船，我们用5台抓斗门机，100多号人三班不停地干，搞大会战，要干1个星期。而现在，3台大型卸船机、皮带运输机一开，用不了24小时，20多个人就能卸完一条装载了20多万吨矿石的巨轮，生产效率几十倍、上百倍地提高。靠什么？靠技术、靠现代化装备。这就是知识、科学技术的力量，不服不行。

读者细心阅读琢磨这套丛书后，会找到不少类似的实例。丛书里记录的都是顶级技术工人从业几十年来的经验体会和智慧结晶，而在背后支撑的就是他们的责任感和使命感。他们能成为大国工匠，靠的不仅是精益求精的工匠精神，更是丰富的知识和过硬的科学技术技能。可以这么说，要做一个合格的、优秀的当代技术工人，不学习不行，不掌握现代劳动技术技能更不行。

当今世界，劳动的观念在更新和重建，内容、方式都在发生变化，所以对劳动者自身能力和素质也有新的更高要求。《大国工匠工作法》丛书将帮助有志于投身中国工业现代化建设的产业工人提升自身职业能力，也期望这套丛书能得到越来越多产业工人的喜爱。

许振超

2018年8月7日

目录

引言

焊接是材料加工的一个重要门类，也是在工业领域中应用较为广泛的一项热加工工艺技术。工业技术的快速发展和需求的多样性变化，对焊接质量的要求也在不断提高。在制造高压容器时，手工焊接技术的应用尤为重要，其中包括各种典型金属材料复杂结构的焊接以及异种金属的焊接。因此，如何不断提高手工焊接质量成为现阶段工业领域的重要课题，也是开展数字化焊接、自动化焊接和智能焊接柔式加工以及推进人机互换的前提保障。

本书阐述了熔焊的基本原理和主要应用对象，列举了常用设备及典型焊接的缺陷，以便从事实际焊接操作的人员在阅读之后能够加深对焊接理论的理解和掌握；系统分析了影响手工焊接质量的主要因素，以便读者能够迅速抓住手工焊接质量控制的主要环节；针对不同的接头类型，以作者多年的一线焊接实践为基础，结合焊接理论，给出了相应的焊接操作技法，并列举和分析了操作不当可能导致的缺陷和后果。

本书所述内容严格遵循焊接基础理论知识要点和要求，并在实际应用过程中不断检验和提升，让读者能够对具体的、典型的复杂焊接结构的焊接手法有更深刻的理解，进而达到提高焊接水平或相应认识的效果。此外，本书围绕提高手工焊接过程一致性的主线，深入论述了具体结构的焊接手法，向读者传达了提高手工焊接过程一致性控制水平的重要性。

现阶段，国内还没有专门关于手工焊接具体操作技法及控制手工焊接过程一致性方面的研究成果及相关论著。本书是一本创造性的图书，于国内率先全部以产品实际结构、实际案例为对象，描述了手工焊接过程中的具体操作方法。

与以往的纯理论书籍以及理论与实践相结合类图书有着明显的不同，本书是一本重在指导现场实际操作的图书，对提升手工焊接过程控制水平具有重要指导意义。

本书所论述的手工焊接操作技法涵盖了多项复杂、难焊结构和材料，在这些结构的焊接工艺攻关过程中，形成了以国家科技进步二等奖“复杂螺旋曲线空间轨迹高温合金薄壁方管焊接技术”为代表的数十项工程技术研究成果和学术论文。在焊接理论编辑过程中，借鉴了哈尔滨工业大学杨春利教授编写的《电弧焊基础》和田锡唐教授编写的《焊接结构》。

此外，本书所分析的焊缝均为Ⅰ级焊缝，焊后接头质量均达到了Ⅰ级要求。因此，对Ⅰ、Ⅱ、Ⅲ级焊缝均有较好的参考价值，应用范围广泛。

本书主要面向从事与手工焊接生产相关的实际操作人员、技术人员、质量管控人员、培训与考核人员、管理人员等生产企业内的读者群体，意在通过图书的出版，将作者多年的理论积累、操作经验和实际案例呈现出来，减少人员更替带来的技术遗失，服务于更多的工程技术人员群体，提高手工焊接过程的一致性。同时，通过本书的出版，抛砖引玉，吸引更多的技术人员参与到思考手工焊接质量控制问题上来，进一步提升手工焊接过程的控制水平。

本书适用于在工业生产领域从事手工焊接操作的一线技能工人，并可作为焊工上岗前的培训教材之一。本书对从事材料加工技术研究的工艺技术人员、从事产品型号管理的工艺及质量方面的管理人员、从事手工焊接操作控制技术研究的工程技术人员亦有重大帮助。

本书所述内容同时可拓展至工业领域的相近产品，为航空、航天、重工、船舶、压力容器等领域的手工焊接技术人员提供参考和借鉴。此外，本书亦可作为高校焊接专业的选修教材之一。通过对本书的学习，可使在校学生对一线焊接生产有更为直接的认识和理解，对焊接专业毕业生综合素质培养具有一定的促进作用。

第一章 手工焊接概述

第一节

手工焊接的基本概念

一、焊接

焊接是指通过适当的手段，使两个分离的金属物体（同种金属或异种金属）产生原子（分子）间结合而连接成一体的连接方法。

二、熔焊

熔焊是以被连接材料和填充材料在焊接过程中的熔化和凝固为基本特征的焊接方法。

常用的熔焊方法包括电弧焊、气焊、电渣焊、电子束焊和激光焊等。

三、手工焊接

手工焊接是指操作者直接手持焊具进行焊接操作的过程。

四、 焊缝定义及分类

焊缝，即焊件经焊接后所形成的结合部分。

按照不同的分类标准，常见的焊缝分为以下几种：

（1）按照焊缝的功能划分，可分为定位焊缝、承载焊缝和密封焊缝。

（2）按照焊缝的延续形式划分，可分为连续焊缝和断续焊缝。

（3）按照焊缝的轨迹类型划分，可分为纵向焊缝、横向焊缝、环焊缝和螺旋形焊缝。

（4）按照焊件的结合形式划分，可分为对接焊缝、角接焊缝、端接焊缝、塞焊缝和槽焊缝。

五、 焊接接头定义及分类

焊接接头，即两个或两个以上零件用焊接组合或已经焊合的接点。焊接接头的性能与焊缝、熔合区、热影响区甚至母材等不同部位的相互影响有关。

根据焊接接头的形式不同，可分为对接接头、角接接头、T形接头、搭接接头、十字接头、端接接头、卷边接头、套管接头、斜对接接头、锁定接头。

第二节

手工焊接设备

一、焊接电源

焊接电源通常分为直流焊接电源、交流焊接电源及交直流两用焊接电源。焊接电源具有陡降特性或恒流特性，有利于焊接电流的稳定。

图 1-1
典型的 Miller 焊接电源

目前，市场上具备焊接电源研制生产能力的厂家较多，在要求不高的情况下，价格相对低廉的国产焊接电源可作为首选。对焊接质量要求较高时，可考虑引入国外焊接电源。推荐使用 Miller 品牌的焊接电源，图 1-1 所示为典型的 Miller 焊接电源。

二、保护气回路

保护气回路包括氩气瓶、导管、减压表等。氩弧焊机的内部通常设有电磁气阀，保护气受引弧与熄弧动作控制而被导通或阻断。图 1-2 为典型的氩气保护气路。

a. 氩气瓶

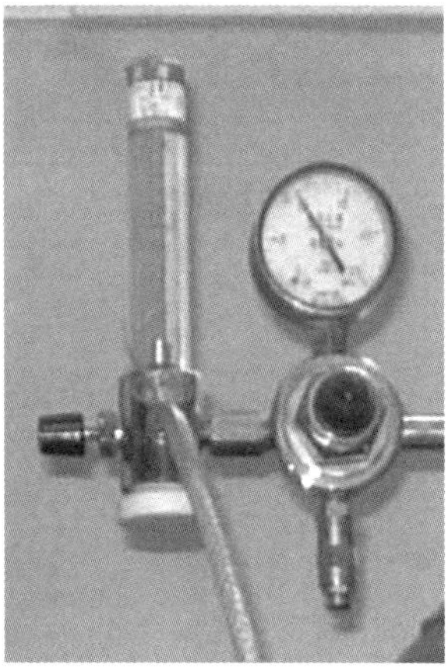

b. 保护气导管、减压表

图 1-2
典型的氩气保护气路

三、 冷却水路

冷却水路通常为自动循环。对于电流较小、时间较短的焊接，可以不进行水冷却。对于较大电流下的焊接，要对焊枪进行水冷却。

四、 地线电缆

地线电缆的作用是把焊接电源的另一极（对应钨极）的输出接到待焊工件上。

五、 手持焊具

手持焊具主要指焊枪，一般来说，有空冷式焊枪和水冷式焊枪，它们分别有各自的规定电流值。焊枪内部包含电缆、水路、气路、电极夹、电极及喷嘴等部件，另设引弧开关。

六、 焊工帽

焊工在施焊时，电焊机两极之间的电弧放电会产生强烈的弧光（主要包括可见光、红外线和紫外线）。弧光会伤害焊工的眼睛，造成电光性眼炎，电焊工应使用符合劳动保护要求的面罩（焊工帽），见图 1-3。

即便如此，在长时间进行焊接作业的情况下，应间歇性休息，尤其要给眼睛留下充足的休息时间。

a. 常规手持式焊工帽

b. 头戴式焊工帽

图 1-3
典型焊工帽

第三节

手工焊接的工艺特点及应用

一、 手工钨极氩弧焊接的工艺特点

1. 手工钨极氩弧焊的优点

钨极氩弧焊（TIG 焊）是以氩气作为保护气体，钨极作为不熔化极，借助钨电极与焊件之间产生的电弧，加热熔化母材实现焊接的方法。

钨极氩弧焊的优点之一是能够实现高品质的焊接，焊成优良的焊缝。由于氩气能够防止空气中的氧气、氮气、氢气等气体与金属接触形成侵害，因此对电弧及熔池具有保护作用，尤其能防止熔池的金属被侵害。钨电极与母材间产生的电弧在惰性气体中极为稳定，使得焊缝美观、平滑。其优点之二是使得热输入量更容易调节，焊接操作更容易进行，应用范围广。

2. 手工钨极氩弧焊的缺点

钨极氩弧焊的缺点是焊接效率相对于其他方法来说较低，氩气的价格也较昂贵。同时，由于钨电极承载电流能力有限，常用于厚度 6 毫米以下焊件的焊接。对于更厚的焊件，则可将钨极氩弧焊作为打底焊接，从而保证焊缝背面的成型质量。

近年来，随着富氩保护气氛的广泛使用，钨极氩弧焊可焊材料的厚度增加，适用范围及领域进一步拓宽。

二、 手工钨极氩弧焊接的应用

钨极氩弧焊可以用于各种钢材料、有色金属、合金以及金属基复合材料的焊接，其中对有色金属及其合金、不锈钢、高温合金、钛及钛合金、难熔的活性金属以及镍等异种金属的焊接最具优势。

钨极氩弧焊既可以焊接厚件，也可以焊接薄件；既可以在平焊位置进行焊接，也可以进行空间位置焊接，如仰焊、横焊、立焊等。

目前，钨极氩弧焊应用于各行各业，在航天、航空制造领域运用得更广泛。

第四节

手工焊接常识

一、 钨极材料及其形状

1. 常见钨极材料

钨极材料的熔点为3400℃，是熔点最高的金属，耐高温性能较好，是钨极氩弧焊焊枪中的易耗材料。在3000K以上的电弧温度作用下，电极本身也会被烧损。因此，维持钨极形状的稳定性、减少电极的烧损非常重要。

目前使用的电极材料主要包括纯钨电极、钍钨电极、铈钨电极，一些性能更好的新材料也在研制中。

（1）纯钨电极的熔点和沸点都比较高，不易熔化、蒸发和烧损，但电子发射能力较差，不利于电弧稳定燃烧。此外，纯钨电极的电流承载能力较低，抗污染性能和耐烧蚀性能差，使用过程中需经常重新磨削，因此，比较适合交流条件下的镁、铝合金焊接。

（2）钍钨电极是在钨中加入少量（1%～2%）的氧化钍，使得电极的电子发射能力更强，允许的电流密度更大，电弧燃烧更稳定，寿命也更长，通常用于碳钢、不锈钢、镍合金和钛合金的直流正接焊接。与纯钨电极相比，钍钨电极前端的熔化、烧损少，并且易于引燃，一般用于电弧点焊或直流正接焊。但钍元素具有一定的放射性。

（3）随着焊接技术的发展，钍钨电极在小电流下的电弧稳定性难以满足要求，且考虑到钍元素具有放射性，因此，在纯钨材料中加入氧化铈而成的铈钨电极，在相同的规范下，具有弧束较细长、光亮带较窄、温度更集中的特点；它的最大许用电流密度提高了5%～8%，无放射性，且引弧和稳弧不亚于钍钨电极。

（4）此外，一些新兴的锆电极、镧钨极、钇钨极等电极材料因各自具备特点也逐渐得到应用，但价格相对较贵。

2. 钨极前端形状及应用

根据极性及使用的焊接电流值，钨极前端通常采用几何形式。当进行直流正极性焊接，钨极前端角度为 30°～50°时，电弧向母材的吹力最强，熔深最大。

多数直流正极性焊接都要求有较大熔深，因此，焊接电流在 200A 以下时，可以采用这一电极角度。

当焊接电流超过 200A 时，电极前端温度更高，同时随着电弧吹力的增加，保护状态会有所恶化，电极前端变为伞形，仍可以维持稳定的焊接，但焊接结束后，需要更换电极。

当焊接电流超过 250A 时，电极前端会产生熔化损失，因此，可以在焊接前把电极前端磨出一定尺寸的平台。以大电流焊接时，电极前端具有一定尺寸的平台，对焊接结果没有不良影响。

与直流正极性焊接相比，进行直流反极性和交流焊接时，在同一电流下，电弧对电极的热输入更大，同时，电流也不是集中在阳极的某一区域。这时，把电极的前端形状磨成圆形最为合适。如果所使用的焊接电流处于电极允许的最大电流值附近，则无论电极开始是何种形状，一旦电弧引燃，电极前端熔化，自然形成半球形。

常见的钨极前端形状如图 1-4 所示：

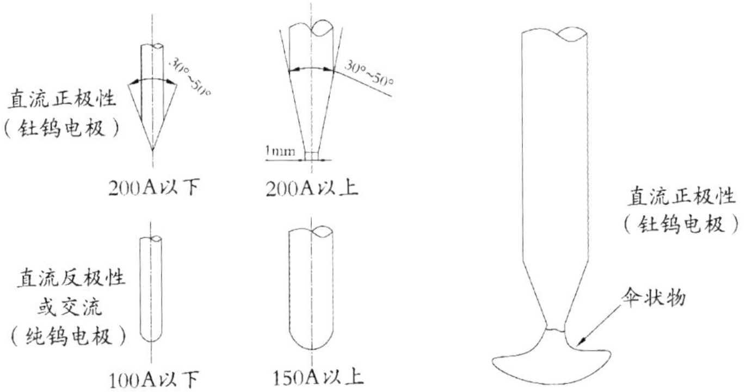

图 1-4
典型的钨极前端几何形状

二、 常见手工钨极氩弧焊接工艺

1. 直流焊接

直流焊接分为直流正极性焊接和直流反极性焊接。直流正极性焊接为所有电弧焊方法中最为稳定的，虽不具备清理氧化膜的作用，但电弧热量大部分用于熔化母材，焊缝深而窄，电极损耗小，电弧稳定性好，应用范围较广。在进行直流反极性焊接时，母材接负极，电极产热较多，焊道浅而宽，此种情况下具备清理铝合金等材料的表面氧化膜作用。

2. 交流焊接

交流焊接部分吸收了直流正极性焊接与直流反极性焊接

的优点，即具备一定程度的氧化膜清理功能，可使母材达到一定的焊缝熔深；部分规避了直流正极性焊接与直流反极性焊接的劣势，电极烧损相对适中，应用材料相对较多。

3. 低频脉冲焊接

脉冲是指通过在焊接电源中改进一定功能，使得原来平稳的直流输出调整为波动输出。低频脉冲的波动输出有一定的波动频率（通常在0.5~10Hz）及稳定性，具备以下工艺特点：焊缝致密性好；电弧线能量低；便于精确控制焊缝电弧能量及其分布；宜用于难焊金属的焊接。脉冲电流各项参数的作用不同，选取基值电流时，以维持电流稳定燃烧为标准，而决定电弧能量和电弧力的参数是峰值电流、峰值时间和脉冲频率。

4. 高频脉冲焊接

与低频脉冲焊接相比，高频脉冲焊接的频率提高到20~30KHz，具有电弧集中、挺直性好、小电流下电弧燃烧稳定等特点，可用于0.5mm以下超薄板的焊接、高速焊接，坡口内焊接可得到可靠熔合，且焊缝组织性能好。

三、 手工焊接中先进技术的应用

近年来，随着工业技术的不断发展，一些先进科学技术在手工焊接中得到广泛应用，进一步促进了手工焊接的可靠性。

现阶段，手工焊接中的典型先进技术包括以下方面：

1. 手工焊接过程中的监测技术

在手工焊接过程中，由于人为控制因素不稳定，焊接工艺参数会因人而异，即使是同一个人完成一个焊接过程，工艺参数也会在一定范围内波动，影响焊缝质量。人为控制因素包括焊接电流、弧长、焊接电压、操作姿态及焊接速度等。

受技术发展水平限制，上述因素一直难以得到有效的实时记录和存储，进而难以与相应的焊缝质量进行对应，使得焊接质量控制及分析工作难以开展。

基于此，德国 HKS 公司率先提出了焊接过程监测系统的概念，并研制出适用于电流、电压、保护气流量等设备因素的监测系统，并在实际生产中进行了推广和应用。近年来，受 HKS 公司影响，国内一些高校正致力开展研究工作，目前已经能够实现设备因素的有效监控和分析。未来，影响手工焊接质量的姿态、速度等动作因素的监控和分析将成为该技术的重点研究方向。

2. 手工焊接过程中的仿真模拟技术

早期，手工焊接所用的氩气极为昂贵，以至于在焊接领域流传着“国家培养一名优秀焊工的经费相当于这个焊工体重同等分量的金子的价值”的话语。由此可见，要培养一名优秀焊工的成本非常高，周期也很长。另外，焊工属于有害工种，在满足一定劳动年限的前提下，焊工的退休年龄比常规工种要早5年。因此，如何缩短焊工培养周期、压缩焊工培养成本成为焊接领域的又一个研究课题。

俄罗斯最先取得了突破，开发了一种焊接操作的仿真模拟技术，能够在线模拟焊接操作效果。该技术的应用，有效降低了焊工培养的成本和周期，显著推进了手工焊接技术的发展。目前，国内也推出了类似产品。

3. A-TIG 焊接技术

钨极氩弧焊一般适用于精密焊接及高质量焊接场合，可获得高纯净度的优质焊缝，是一种较为理想的焊接方法。但受许用电流的限制，钨极氩弧焊的单道熔深较浅。

为解决这个问题，20世纪60年代末，乌克兰巴顿焊接研究所的专家根据焊缝中微量元素影响焊缝熔深的现象，逐步发明了A-TIG技术。A-TIG（Activating flux TIG）焊即活性钨极氩弧焊，就是在被焊材料表面均匀地涂上一层很薄的细粒状活性助焊剂，然后实施常规TIG焊方法，如图1-5所示。

A-TIG焊克服了钨极氩弧焊单道焊接熔深浅、对材料成分变化敏感、生产效率低等缺陷，焊接熔深显著增加，而熔宽几乎保持不变，如图1-6所示，同时使焊接过程简化，提高焊接生产效率，大大降低了生产成本。目前，A-TIG焊

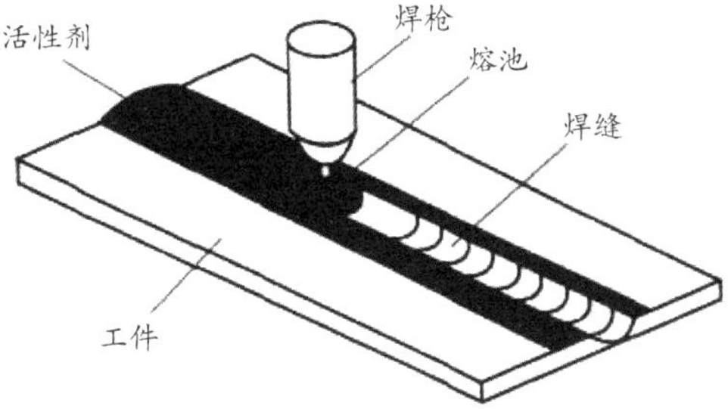

图 1-5
A-TIG 焊焊接过程示意图

已在不锈钢、钛合金、镍合金焊接方面积累了较多的研究成果。

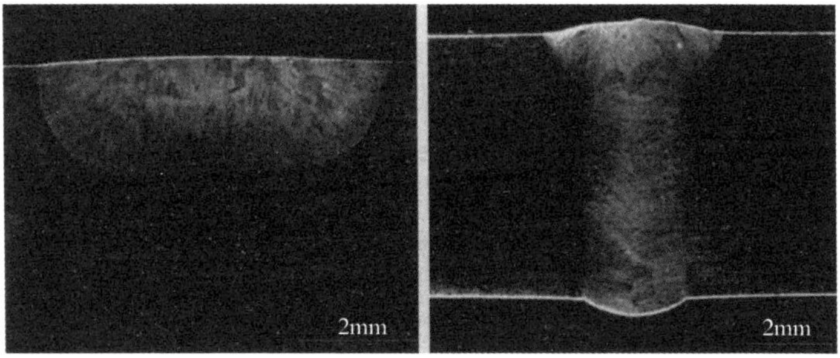

a.不涂敷活性剂　　b.涂敷活性剂

图 1-6
活性剂对 TIG 焊接熔深和熔宽的影响对比

乌克兰巴顿焊接研究所是最早研究 A-TIG 焊接技术的研究机构，现在已将该技术推广应用于能源生产、汽车工业、航天、化学工业和动力机械等工业领域。基于A-TIG焊技术的显著优势，国内高校及相关研究所较早地进入这一领域，并开展了机理研究和典型材料工艺研究。一些企业尝试在活性剂添加方式上进行改进研究，并开发了活性剂喷罐类产品，目前已在管道焊接等部分工业领域得到了应用。

四、 典型焊接缺陷

钨极氩弧焊焊缝品质优良，但在操作不当或工艺参数不合理等情况下，焊缝中仍会出现缺陷。常见焊接缺陷包括夹钨、裂纹、气孔、未焊透及其他外观缺陷。典型缺陷如图1-7所示。

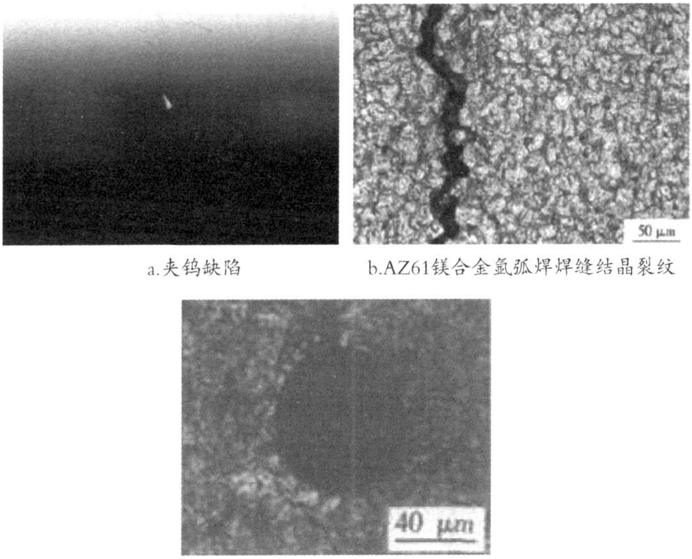

a.夹钨缺陷

b.AZ61镁合金氩弧焊焊缝结晶裂纹

c. AZ31镁合金氩弧焊焊缝气孔

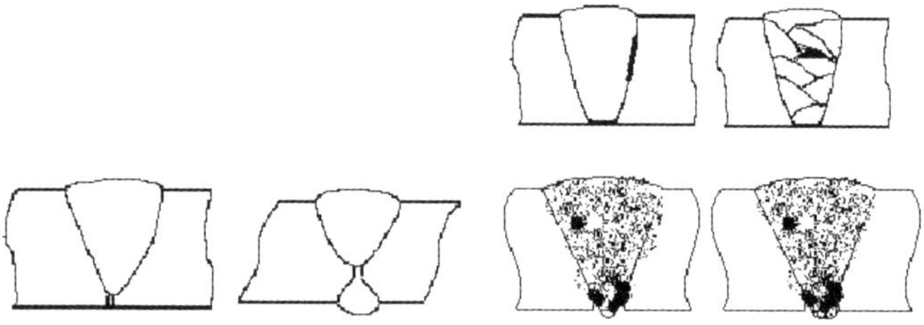

d. 典型未焊透示意图　　e. 典型未熔合缺陷

图 1-7
典型氩弧焊焊接缺陷

五、 焊前清理工作

焊前清理方法有机械清理、化学清理及有机溶剂清理，其根本目的是去除表面的油污、氧化膜等。这对于保证优质焊接质量具有重要影响，焊接工艺人员应高度重视。

1. 机械清理

采用钢刷等工具对待焊部位进行氧化膜清理，通常以待焊部位表面打磨光亮为宜。特殊产品需注意金属毛屑等多余物的处理，也可采用机械加工等方式。

2. 化学清理

采用碱洗或酸洗的办法，对待焊零件进行表面除油、除锈工作。

3. 有机溶剂清理

采用丙酮、汽油等有机溶剂对待焊零件表面进行去油清理。

六、焊后清理工作

焊后清理工作也是产品焊接质量控制的关键环节。在工业生产中，焊缝内外表面残留的焊渣均需要进行清理。另外，对于有特殊设计要求的产品（如管路），为满足设计指标要求，常常需要进行焊缝正面余高清理或焊缝背面焊瘤清理。

第二章

典型金属材料及其焊接特性

第一节

典型金属材料

在设计和选择结构材料时，主要考虑材料强度、使用温度和环境条件等工况。材料不同，其特性也不同，焊接差异也较为明显。对于低温结构工况来说，主要要考虑材料的低温脆性，要求材料和焊接后的焊缝满足设计的低温韧性；而对于高温工况来说，则需要材料满足耐热强度高、耐蚀性强等要求。

典型材料复杂结构且温度突变的高压容器，主要用于各种航空航天器、陆地和水下的动力推进系统，其工况依据结构件的功能而各不相同：既有温度低至液氢的超低温工况，也有温度高至3000K以上的超高温工况。

为满足典型材料复杂结构且温度突变的高压容器的各结构件的工况和性能需求，要依据特点和设计选用不同材料。

常见的典型材料有不锈钢、高温合金、钛合金、铝合金等金属材料。材料特性不同，对焊接要求各不相同。

一、1Cr18Ni9Ti 不锈钢

不锈钢分为很多种，按组织状态不同，可分为马氏体、铁素体、奥氏体、奥氏体-铁素体以及沉淀硬化型不锈钢。

1Cr18Ni9Ti 是奥氏体不锈钢，是含钛的 18-8 型奥氏体不锈钢。淬火不能强化，但有良好的抗腐蚀性；由于含钛，使得碳化物稳定，能防止碳化物从固溶体中沿晶界析出，使钢具有抗晶间腐蚀能力和较高的耐蚀性；淬火可用空淬，不必水淬，淬火状态下有高的塑性，可进行拉伸及其他类型冷冲压；冷加工后组织不稳定，需进行适当热处理；焊接性良好，适用于各种焊接方法，也适用于制造焊接后不淬火的结构件；切削加工性较差；在 800~900℃以下的空气中具有稳定的抗氧化性；在 900℃以下连续工作时，性能稳定；在频繁交变条件下断续工作时，800℃以下性能稳定。

由于焊接性能比较好，焊接过程不需要预热，具有优良的力学性能，1Cr18Ni9Ti 不锈钢在典型金属材料复杂结构且温度突变的高压容器中主要以结构件的形式应用于燃烧室、燃气发生器、涡轮泵以及燃料输送导管等部组件。

1Cr18Ni9Ti 的化学成分和机械性能数据如表 2-1、表 2-2 所示。

表 2-1
1Cr18Ni9Ti 的化学成分（%）

成分	C	Cr	Ni	Si	Ti	S	P	Mn	Fe
含量	≤0.12	17.00~19.00	8.00~11.00	≤1.00	5(C%-0.02)~0.80	≤0.030	≤0.035	≤2.00	余量

表 2-2
1Cr18Ni9Ti 的机械性能

牌号	热处理（℃）	拉伸试验				硬度试验		
		$\sigma_{0.2}$（MPa）	σ_b（MPa）	δ_5（%）	ψ（%）	(HB)	(HRB)	(HV)
		不小于				不大于		
1Cr18Ni9Ti	固溶 920~1150，快冷	205	520	40	50	187	90	200

二、 高温合金

1. GH600

GH600 是 Inconel 系列最早研究出来的 Ni-Cr-Fe 固溶强化型镍基合金，具有良好的抗氧化性能、优良的冷热加工性能及高低温机械性能，在 650℃以下有较高的强度。

GH600 合金可以通过冷加工得到强化，成型性能良好，易于焊接。在淡水和流动海水中具有较好的抗蚀性，对各种废液、碱性溶液和大多数有机酸及其化合物的腐蚀抗力很高。该合金不易产生氯离子应力腐蚀裂纹，但是在高浓度苛性碱、高温水银条件下，易产生应力腐蚀裂纹，抗氧化温度可达到1150℃。在航天发动机上主要用于制造喷管延伸段。

GH600的化学成分和机械性能数据如表2-3、表2-4所示。

表2-3

GH600的化学成分（%）

成分	C	Cr	Ni	Si	Ti	S	Fe	Nb	Cu	Al	P	Mn
含量	≤0.10	14~17	余量	≤0.50	≤0.50	≤0.015	6.0~10.0	≤1.0	≤0.5	≤0.35	≤0.02	≤1.0

表2-4

GH600的机械性能

牌号	试验温度（℃）	瞬时拉伸性能			
		$\sigma_{0.2}$（MPa）	σ_b（MPa）	δ_5（%）	ψ（%）
		不小于			
GH600	室温	≥550	≥240	≥35	≥40
	900	≥95	≥85	≥65	≥50

2. GH1131

GH1131 是一种以钨、钼、铌、氮等元素复合固溶强化的高性能铁基高温合金，含镍量约 28%。其热强性水平与 GH3044 合金相当，具有良好的热加工塑性和焊接性，冷成型工艺性能良好；可采用点焊、缝焊和氩弧焊等方法进行连接，并可获得满意的接头温度；能在 900℃ 以下长期工作，在 1000℃ 以下短期工作；用于制作在 700～1000℃ 短时工作的典型金属材料复杂结构且温度突变的高压容器部件，如燃气发生器身部。

与同类用途的镍基合金相比，其高温、抗氧化的组织稳定性较差，在 700～900℃ 的环境下长期使用后，室温塑性下降，成型性能变差。

GH1131 的化学成分和机械性能数据如表 2-5、表 2-6 所示。

表 2-5
GH1131 的化学成分（%）

成分	C	Cr	Ni	Si	S	B	Fe	Mo	Nb	W	N	P	Mn
含量	≤ 0.10	19.0～22.0	25.0～30.0	≤ 0.80	≤ 0.02	≤ 0.005	余量	2.80～3.50	0.70～1.30	4.80～6.00	0.15～0.30	≤ 0.02	≤ 1.20

表 2-6
GH1131 的机械性能

牌号	热处理（℃）	试验温度（℃）	拉伸试验			
			$\sigma_{0.2}$（MPa）	σ_b（MPa）	δ_5（%）	Ψ（%）
			不小于			
GH1131	固溶 1160±10℃，空冷	室温	345	735	32	40
		900	—	186	40	45
		1000	—	110	50	50

3. GH4169

GH4169 合金是以体心四方体 Ni3NB（γ″）和面心立方体 Ni3ALTi（γ′）沉淀强化的一种镍基高温合金，在 650℃下具有屈服强度高、塑性好的特点，在 1000℃时具有较高的抗氧化性，并有较好的焊接性能、成型性能和耐腐蚀性能及耐辐照性能。该合金在-253～700℃广泛的温度范围内组织性能稳定，成为深冷温度条件和高温条件下用途极广的高温合金之一。

用 GH4169 进行氩弧焊时，熔池流动性偏低，易产生未焊透缺陷；焊缝金属组织不均匀，结晶时低熔点共晶物（Ni-S 熔点为645℃、Ni-P 熔点为 880℃）易在晶间聚集，其液态膜在收缩应力作用下易产生结晶裂纹，因此，具有一定的焊接难度。该合金适合于电弧焊、等离子焊等，在焊接前，材料表面要洁净、无油污、无粉笔记号等，焊缝25mm范围内要打磨露出光亮的金属，常用于制造典型金属材料复杂结构且温度突变的高压容器耐热、耐高压部件。

GH4169的化学成分和机械性能数据如表2-7、表2-8所示。

表2-7

GH4169的化学成分（%）

成分	C	Cr	Ni	Si	Ti	S	P	Fe	Mo	Nb	Cu	Al	Co
含量	≤0.08	17~21	5~55	≤0.35	0.65~1.15	≤0.015	≤0.015	余量	2.8~3.3	4.75~5.5	≤0.3	0.2~0.8	≤1.0

表2-8

GH4169的机械性能

牌号	圆棒直径（mm）	试验温度（℃）	瞬时拉伸性能				硬度（HB）
			$\sigma_{0.2}$（MPa）	σ_b（MPa）	δ_5（%）	ψ（%）	
			不小于				
GH4169	16~115	室温	1275	1035	12	15	331
		650	1000	860	12	15	—
		-196	1470	—	12	20	—

4. GH3030

GH3030固溶强化型高温合金是由早期的80Ni-20Cr固溶强化型高温合金发展而来的，化学成分简单，在800℃以下具有满意的热强性和高的塑性，并具有良好的抗氧化、热疲劳、冷冲压和焊接工艺性能，经固溶处理后为单相奥氏体，使用过程中组织稳定，具有较强热加工及冷加工性能，常用于800℃以下工作的涡轮发动机燃烧室部件和在1100℃以下要求抗氧化但承受载荷很小的其他高温部件。

GH3030的化学成分和机械性能数据如表2-9、表2-10所示。

表2-9

GH3030的化学成分（%）

成分	C	Cr	Ni	Si	S	P	Fe	Ti	Mn	Al
含量	≤0.12	19.0~22.0	余量	≤0.8	≤0.02	≤0.03	≤1.5	0.15~0.35	≤0.70	≤0.15

表 2-10
GH3030 的机械性能

牌号	试验温度（℃）	拉伸性能			持久性能	
		σ_b（MPa）	$\sigma_{0.2}$（MPa）	δ_5（%）	σ（MPa）	T（h）
		不小于				
GH3030	室温	686	—	30	—	—
	700	294	—	30	—	—
	700	266	—	72	103	100

三、钛合金

钛合金与钢相比，具有许多独特性能，如轻质、高强以及优良的高低温性能，能在超低温（-253℃）和高温（500℃）环境下服役，具有优异的耐腐蚀性。

钛合金按组织可分为 α 合金、β 合金和 α+β 双相合金。其中 α 合金不能热处理强化，工艺性能良好，具有很好的塑性和焊接性；α+β 合金可进行淬火和时效热处理后强化，退火后工艺性能优良。由于钛合金具有高活性，焊接过程中极易受到空气污染，且加热过程中晶粒长大明显，冷却过程中可能形成脆性相。

钛合金与钢的主要焊接差异有：钛的熔点高达 1600℃左右，焊接热输入要高于钢；钛的化学性活泼，易与空气中的氧、氮、氢作用，急剧降低韧性；钛的传热系数为钢的一半，在焊接过程中，热影响区极易过热，性能恶化明显。

鉴于钛合金的特性，钛合金焊接时一般不会产生热裂纹和晶间裂纹问题，但存在气孔问题，尤其是 α+β 合金，增加多层焊道量或线能量度使气孔量增加。焊接时，应尽量减少焊缝金属在高温状态下的停留时间，加快冷却速度，并加强焊缝冷却过程中的保护，防止焊接时空气中的氢、氧、氮的吸附。焊接完成后，可根据焊缝表面颜色判定焊缝的质量。

1. TC4

TC4 的合金名义成分为 Ti-6Al-4V，具有优异的综合力学性能，已经广泛用于制造飞机结构中的梁、框、起落架，航空发动机风扇、压气机盘、机匣、叶片，航天飞行器的压力容器、仓体、紧固件、结构件，等等，也大量用于其他各工业行业中，目前占钛合金产量的一半以上。

该合金具有良好的工艺塑性和超塑性，合金 α+β/β 转变温度为 980~1010℃，长期工作温度可达 400℃，一般在退火或固溶时效状态下使用，室温抗拉强度≥895MPa。

钛中的间隙杂质虽然能提高钛的强度，但是这种杂质不仅严重降低合金的塑性和断裂韧性，而且会加快疲劳裂纹扩展速率，并使其他一些重要性能，如热稳定性、蠕变抗力、缺口敏感性等变坏，所以近年来国内外为了适应飞机结构设计所需的损伤—容限要求，研制生产出了高纯度的 Ti-6Al-4V（ELI）合金，其 O 含量小于 0.13%，C 含量小于 0.08%，能满足低温或要求高的断裂韧性要求。

TC4 的化学成分数据如表 2-11 所示。

表 2-11
TC4 的化学成分（%）

成分	Al	V	Fe	C	O	N	H	Ti
含量	5.5~6.8	3.5~4.5	0.30	0.10	0.18	0.05	0.015	余量

2. TA7

TA7 的合金名义成分为 Ti-5AI-2.5Sn，是苏联 1957 年研制的 BT5-1 钛合金，主要用于在 500℃以下工作的航空发动机机匣等零件。我国于 1965 年仿制，命名为 TA7，用于制造涡喷 13 发动机前机匣壳体、封严圈壳体、环件和模锻件转接座等。其低间隙的 TA7ELI 用于制造航天飞行器在-253℃条件下工作的压力容器。

目前该合金在我国多种型号的航空发动机环形零件及航天飞行器低温压力容器制造中大量应用。该合金 β 稳定元素含量为零，中性元素 sn≈2.5%，主要靠 Al 固溶强化 α 相，α

+β/β 转变温度为 1040~1090℃，不能热处理强化，通常在退火状态下使用，在室温和高温下具有良好的断裂韧性，焊接性能良好，但工艺塑性较差。长期工作时温度可达 500℃，短时工作时温度可达 800℃，室温抗拉强度≥785MPa，大量用于制造航空发动机环轧件航天飞行器压力容器，目前也用于航空钛合金铸件的生产。

TA7 的化学成分数据如表 2-12 所示。

表 2-12
TA7 的化学成分（%）

成分	Al	Sn	Fe	C	O	N	H	Ti
含量	4.0~6.0	2.0~3.0	0.30	0.10	0.20	0.05	0.015	余量

3. TA15

TA15 的合金名义成分为 Ti-6.5Al-2Zr-1Mo-1V，是苏联在 20 世纪 60 年代初研制成功的 BT20 钛合金。我国 20 世纪 90 年代从俄罗斯引进了 Su-27 飞机生产线，为了满足 Su-27 飞机的国产化需求，我国相关单位随即开展了 BT20 钛合金的国产化定做，仿制后命名为 TA15 钛合金，该合金制造的结构件占 Su-27 飞机整机结构的 15%以上。

该合金兼有α型合金及α+β/β两相钛合金的优点，具有中等的室温和高温强度、良好的热稳定性、焊接性能、工艺塑性。该合金长时间（3000小时）工作温度可达500℃，450℃工作时寿命可达6000小时。合金α+β/β转变温度为1020℃±30℃，退火状态下室温抗拉强度≥930 MPa。目前主要用于制造飞机、航空发动机以及新一代战术导弹、飞航导弹主要承力结构件，尤其是焊接件。

TA15的化学成分数据如表2-13所示。

表2-13

TA15的化学成分（%）

成分	Al	Zr	Mo	V	Ti
含量	5.5~7.0	1.5~2.5	0.50~2.0	0.10	余量

4. CT20

CT20钛合金是由西北有色金属研究院、北京航空材料研究院等单位联合研制的具有我国自主知识产权的第一个高强高韧损伤容限钛合金，合金名义成分为Ti-6Al-2Mo-1.5Cr-2Zr-2Sn-2Nb。

该合金目前用于制造飞机重要结构件，目前使用状态下，σb≥1100MPa，κIC≥70MPa·ml/2。该合金已经在我国第三代先进飞机上获得了工程化应用。

四、 铝合金

铝合金具有良好的耐蚀性、较高的比强度和导热性以及在低温下能保持良好力学性能等特点，在航空航天、汽车、电工、化工、交通运输、国防等工业部门被广泛应用。掌握铝合金的焊接性特点、焊接操作技术、接头质量和性能、缺陷的形成及防止措施等，对正确掌握铝合金焊接工艺，获得良好的接头性能和扩大铝合金的应用范围具有十分重要的意义。

铝的重量轻和耐腐蚀是其性能的两大突出特点，纯铝的密度约为 2.7 g/cm^3，仅为铁、铜密度的 1/3。铝及铝合金的表面易生成一层致密、牢固的 Al_2O_3 保护膜，这层保护膜只有在卤素离子或碱离子的激烈作用下才会遭到破坏，因此具有很好的耐大气腐蚀（包括工业性大气和海洋大气）和耐水腐蚀能力，能抵抗多数酸和有机物的腐蚀。在各种牌号的变形铝及铝合金中，铝锰和铝镁合金属于防锈铝合金，不能热处理强化，但强度比纯铝高，并具有良好的抗蚀性和焊接性能。

1. 铝合金的分类

铝合金可分为变形铝合金（又分为非热处理强化铝合金和热处理强化铝合金两类）和铸造铝合金。变形铝合金是指经不同的压力加工方法制成的板、带、管、型、条等半成品材料；铸造铝合金以合金铸锭供应。

按 GB/T 3190—1996 和 GB/T 16474—1966 的规定，铝合金牌号命名的基本原则是可直接采用国际四位数字体系牌号。

四位字符牌号的第一位、第三位、第四位为阿拉伯数字，第二位为英文大写字母。2×××为 Al-Cu 系，3×××为 Al-Mn 系，4×××为 Al-Si 系，5×××为 Al-Mg 系，6×××为 Al-Mg-Si 系，7×××为 Al-Zn 系，8×××为 Al-其他元素，9×××为 Al-备用系。这样，我国变形铝合金的牌号表示法与国际上的通用方法基本一致。

Al-Mn 合金和 Al-Mg 合金属于防锈铝合金，不能热处理强化，但非热处理强化铝合金通过加工硬化、固溶强化提高力学性能，特点是强度中等、塑性及耐蚀性好，又称防锈铝，原先代号为 LF××。它们的强度比纯铝高，并且具有优异的抗腐蚀性和良好的焊接性，是目前焊接结构中应用最广的铝合金、超硬铝、锻铝等。

硬铝的牌号是按铜的增加顺序编排的。Cu 是硬铝的主要成分，为了得到高的强度，Cu 含量一般应控制在 4.0%～4.8%。Mn 也是硬铝的主要成分，主要作用是消除铁对抗蚀性的不利影响，还能细化晶粒，加速时效硬化。在硬铝合金中，铜、硅、镁等元素能形成溶解于铝的化合物，从而促使硬铝合金在热处理时强化。

退火状态下硬铝的抗拉强度为160~220MPa，经过淬火及时效，抗拉强度增至312~460MPa。但硬铝的耐蚀性能差，为了提高合金的耐蚀性，常在硬铝板表面覆盖一层工业纯铝保护层。

超硬铝合金中锌、镁、铜的平均总含量可达9.7%~13.5%，在当前航空航天工业中仍是强度最高和应用最多的一种轻合金材料。超硬铝的塑性和焊接性差，接头强度远低于母材。由于合金中锌含量较多，形成晶间腐蚀及焊接热裂纹的倾向较大。

锻铝具有良好的热塑性，而且铜含量越少，热塑性越好，具有中等强度和良好的抗蚀性，适用于制作锻件，在工业中得到广泛应用。

2. 铝合金的性能

防锈铝合金（铝锰合金、铝镁合金）主要用于对塑性要求高的焊接性、在液体或气体介质中工作的低载荷零件，如油箱、汽油或润滑油导管、各种液体容器和其他用深拉制作的小负荷零件等。

铝合金被广泛应用于航空航天、建筑、汽车、机械制造、电工、化学工业、商业等领域。铝合金在飞机制造中是主要的结构材料，约占骨架质量的55%，而且大部分关键轴承部件，如涡轮发动机轴向压缩机叶片、机翼、骨架、外壳、尾翼等，都是由铝合金制造而成的。

3. 铝合金的焊接性特点

铝及铝合金指纯铝、防锈铝合金和普通的铸造铝合金。铝及铝合金的焊接性较差，只有正确选用焊接材料和焊接工艺，才能获得性能满足使用要求的焊接产品。通常采用的铝焊接方法有气焊、碳弧焊、氩弧焊等，焊条电弧焊的焊接接头质量较低，仅用来焊接一些质量要求不高的产品及铸件的补焊等。

铝合金的焊接有如下特点：

（1）铝和氧的亲和力很大，因此，在铝及铝合金表面总有一层难熔的氧化铝膜。这层氧化膜的熔点远远超过铝的熔点，不溶于金属，并且妨碍被熔融填充金属润湿。在焊接或钎焊过程中，应将氧化膜清除或破坏掉。

（2）熔焊时，铝合金的焊接性首先体现在抗裂性上。在铝中加入铜、锰、硅、镁、锌等合金元素，可获得不同性能的合金，各种合金元素对铝合金焊接裂纹的影响不同。

（3）铝合金的固态和液态色泽不易区别，焊接操作时难以控制熔池温度。

（4）焊后焊缝易产生气孔，焊接接头区易发生软化。

对铝合金进行焊接，可以用多种不同的焊接方法，表2-14所列的为部分铝合金的相对焊接性。

表 2-14
部分铝合金的相对焊接性

焊接方法	焊接性与适用范围						说明
	铝锰合金	铝镁合金		铝铜合金	适用厚度		
	3003 3004	5083 5056	5052 5454	2014 2024	推荐	可用	
TIG 焊（手工、自动）	很好	很好	很好	很差	1～10	09～25	填丝或不填丝，厚板需预热，交流电源
MIG 焊（手工、自动）	很好	很好	很好	较差	≥8	≥4	焊丝为电极，厚板需预热和保温，直流反接
脉冲 MIG 焊（手工、自动）	很好	很好	很好	较差	≥2	16～8	适用于薄板焊接
气焊	很好	很差	较差	很差	0.5～12	0.3～25	适用于薄板焊接
焊条电弧焊	较好	很差	较差	很差	3～8	—	直流反接，需预热，操作性差
电阻焊（点焊、缝焊）	较好	很好	很好	较好	0.7～3	0.1～4	需要电流大
等离子弧焊	很好	很好	很好	较差	1～10	—	焊缝晶粒小，抗气孔性能好
电子束焊	很好	很好	很好	较好	3～75	≥3	焊接质量好，适用于厚件

现代科学技术的发展促进了铝合金焊接技术的进步，使可焊接的铝合金材料范围逐步扩大。

铝及铝合金在焊接时容易出现以下问题：

（1）极易氧化。不论是固态铝或液态铝，都极易氧化，生成三氧化二铝（Al_2O_3）薄膜。氧化膜熔点很高，为2050℃，而铝的熔点仅为658℃。氧化膜Al_2O_3具有很高的电阻，在电弧焊中，相当于电弧与工件之间有一层绝缘层，使电弧燃烧不稳定。氧化膜妨碍焊接过程的顺利进行，而且氧化铝的密度大于铝，因此易造成焊缝夹渣和成型不良。

（2）熔化时无颜色变化。铝在从固体变为液体的升温过程中，没有颜色变化，温度稍高就会造成金属塌陷和熔池烧穿。而且，由于高熔点的氧化膜覆盖在熔池表面，给观察母材的熔化、熔合情况带来困难。这样就增加了焊接时控制温度的难度，稍不注意，整个接头就会塌落，所以铝的焊接比钢材焊接要困难得多。

（3）易变形。由于铝的导热系数是铁的两倍，凝固时的收缩率比铁大两倍，所以铝焊件变形大，如果措施不当就会产生裂纹。在焊接时，因铝的导热性好，需要较大的焊接热量才能熔化接头。因此，一般要求对焊件预热，并采用强规范，由此也恶化了焊接工艺条件。

（4）易产生气孔。铝及铝合金在焊接时，在空气中马上氧化生成 Al_2O_3，不但阻碍金属熔合，还会吸收一定的水分。焊丝表面和母材表面氧化膜吸收的水分、在电弧作用下分解出来的氢被液态金属铝吸收。此外，焊条药皮中的潮气、空气中的水分也都是氢的来源。铝合金的一个特征是，氢在液态金属中的溶解度随温度变化的幅度大，又由于铝导热性能好，焊缝凝固快，因此来不及逸出的氢气便形成很多气孔。铝的纯度越高，产生气孔的倾向就越大。

（5）易开裂。铝合金的凝固不是在某一温度下进行，而是在一温度区间内进行。开始凝固时，温度较高，焊缝呈液-固状态，液态金属比较多，此时的收缩量可由未凝固的液态金属补充。在最后凝固之前，焊缝呈固液状态，液态金属已很少，以间层状存在。由于此时温度处于凝固温度区间的下限，已产生很大的收缩，这样就会在液态的层间处拉开，若无液体补充，便形成裂纹。一般来说，纯铝不易产生凝固裂纹，防锈铝合金裂纹倾向也很小，但硬铝、超硬铝等经热处理强化的铝合金的热裂纹倾向较大。

五、其他

1. 30CrMnSiA

30CrMnSiA 是一种中碳调质钢，其含碳量较高，同时又加入了多种合金元素，在淬火、回火后具有很高的强度和足够的韧性。这种钢既可以低温回火后使用，也可以高温回火后使用。如果要求具有较高的冲击值，应该在550℃以上回火。对于小于Φ25mm的零件，最好采用350℃等温淬火方法热处理。这样能够获得下贝氏体组织，使强度和韧性得到最好的配合，并减小变形量。

按照国际焊接学会推荐的碳当量公式计算，该钢的碳当量高达0.73%，具有较高的淬硬倾向，焊接接头极易出现硬脆的马氏体组织，增大了焊接接头的冷裂倾向。又因该钢Ms点较低，在低温形成的高碳粗大针片状马氏体一般难以产生像低碳马氏体产生的“自回火”效应，导致接头严重脆化，其冷裂倾向更大。

另外，因本产品是在调质状态焊接，其热影响区被加热到超过调质处理的回火温度时，将出现强度、硬度低于母材的软化区，严重降低接头性能，主要用于火箭、飞机及其他型号产品的关键重要承力装置的结构件和梁、桁架等。

30CrMnSiA的化学成分和机械性能数据如表2-15、表2-16所示。

表 2-15
30CrMnSiA 的化学成分（%）

成分	C	Cr	Ni	Si	S	P	Fe	Cu	Mn
含量	0.28~0.34	0.80~1.10	≤0.030	0.90~1.20	≤0.025	≤0.025	余量	≤0.025	0.80~1.10

表 2-16
30CrMnSiA 的机械性能

牌号	圆棒直径（mm）	试验温度（℃）	瞬时拉伸性能				冲击功（J）	冲击韧性值 ak（J/cm^2）	硬度（HB）
			σ_b（MPa）	σ_s（MPa）	δ_5（%）	ψ（%）			
			不小于						
30CrMnSiA	25	室温	1080	835	10	45	39	49	229

2. 纯镍

纯镍在常温时的晶体结构为面心立方晶格，其熔点及电阻率均低于碳素钢，化学活性低，氧化初期生成的氧化膜能防止镍进一步氧化和腐蚀，高温时有良好的抗蚀性。镍与其他元素形成合金后，力学性能和抗腐蚀、抗氧化性能显著改善，但热导率和电阻率显著下降。

纯镍为单相奥氏体组织，焊接性能与奥氏体不锈钢相比有许多相似之处。熔池金属易于形成方向性强的单相奥氏体柱状晶，促使杂质偏析，纯镍材质中含有的S、P等元素与Ni作用，在晶界形成低熔点共晶，线膨胀系数较大，易形成较大的焊接应力，从而使之产生焊接热裂纹。纯镍固液相温度区间小，流动性低，液态时溶解 H_2、O_2、CO_2 等气体，在焊接快速冷却凝固过程中极易形成气孔。

另外，纯镍的电阻率大、热导率低，焊接过程中易过热，导致焊缝晶粒迅速长大。纯镍材料晶粒一旦粗化，很难用热处理的方法来改善，严重影响焊接接头的机械性能和耐蚀性。纯镍材料主要用于制作燃烧室身部外壁。

纯镍材料的焊接工艺特点如下：

（1）焊接时，坡口、焊道和焊丝上的油脂、氧化物、油漆等异物将导致热裂纹和焊缝气孔的产生，因此在施焊前及焊接过程中，必须对坡口、焊道和焊丝进行彻底清理。

（2）镍的液体金属流动性较差，焊接工艺不合适时很容易发生未熔合现象，焊接坡口设计必须与碳钢有所区别，坡口应选用大角度、小钝边的形式。

（3）为减少接头过热，防止热裂纹的产生，尽可能降低焊接线能量，应采用小焊道、多层焊来代替大截面焊道。

（4）选择既能保证焊缝具有满意的使用性能，同时又具有较高的抗裂纹的焊接材料。

纯镍的化学成分和力学性能数据如表 2-17 所示。

表 2-17

纯镍材料的化学成分（%）及力学性能

化学成分及含量（%）						力学性能		
Ni	Mn	Fe	C	S	P	Σb（MPa）	σ0.2（MPa）	δ5（%）
≥99.5	0.2	0.2	0.08	≤0.01	≤0.03	≥380	≥140	≥30

3. DT4E

DT4E 是含碳量小于 0.02%的铁合金，又称纯铁和熟铁。

熟铁由铁矿石用碳直接还原，或由生铁经过熔化并将杂质氧化而得到。前者冶炼温度较低，采用比较早；后者温度虽然较高，但生铁去碳后由于熔点增高而变稠。两者都不易使渣和铁完全分离，所以熟铁中常含有少量的渣，在加工后会显示纤维组织。

工业纯铁主要用于电磁继电器、铁芯用纯铁、软磁纯铁、磁粉离合器用纯铁、电子锁用纯铁、汽车活塞用电工纯铁、磁屏蔽用纯铁带、航空仪器仪表、军工纯铁、镀锌锅用纯铁中厚板、电子元器件用纯铁薄板、电磁阀、磁选机用纯铁、无发纹纯铁、电子管用纯铁、易车削电工纯铁等。

DT4E 有两种规格：一种是作为深冲材料的，可以冲压成极复杂的形状；另一种是作为电磁材料的，有高的感磁性、低的抗磁性，广泛用于电子电工、电器元件、磁性材料、非晶体制品、继电器、传感器、汽车制动器、纺机、电表电磁阀等产品。

DT4E 的化学成分数据如表 2-18 所示。

表 2-18

DT4E 的化学成分（%）（宝山钢铁股份有限公司企业标准 Q/BQB 482—2009）

成分	C	Si	Mn	P	S	Al	Fe
含量	≤0.01	≤0.03	≤0.40	≤0.10	≤0.03	≤0.05	余量

第二节

典型金属材料的焊接特性

由于典型金属材料复杂结构且温度突变的高压容器结构复杂，对材料的性能要求各不相同，从而导致型号产品在生产过程中存在大量异种材料的焊接。

异种材料在焊接过程中在以下方面存在差异，导致焊接难度急剧上升。

一、 材料线膨胀系数的差异

线膨胀系数随着金属类别的变化而变化。当两种待焊接金属的线膨胀系数差异较小时，对焊接过程中应力贡献较小；然而当两种待焊接金属的线膨胀系数差异较大时，焊接完成后，焊接接头将形成较复杂的内应力，内应力达到一定程度后，将会导致焊缝出现明显焊接裂纹。

即使该类焊接接头在焊接过程未产生裂纹，其性能也会急剧下降，尤其是在受到拉压应力或热应力疲劳时，性能恶化更为明显。如铜合金与不锈钢的线膨胀系数存在差异，焊接过程中易形成内应力，接头结构设计不当时，在热应力作用下极易产生裂纹。

二、 热导率的差异

待焊接金属的热导率首先影响焊接过程中的热输入，热导率越好，焊接过程中的热输入越大；而热导率越差，焊接过程中的热输入越小。

由于热导率不同，不同金属材料要想形成同样的熔池，其热输入会有所差异。而当热导率差异较大的两种金属采用手工氩弧焊接时，为防止热导率大的一侧金属形成的熔池不好，导致金属熔化不足或未熔透现象，需将焊接过程中的热源偏向热导率大的金属一侧，提高两种热导率差异较大金属材料的熔化效果，保证焊缝的质量。例如，电铸镍与高温合金的焊接即为热导率差异较大的待焊接金属，在焊接过程中，需操作者合理控制热输入，从而达到对焊缝的设计质量要求。

三、 熔点的差异

异种金属焊接时，大部分金属材料的熔点均存在差异，当熔点差异达到一定程度后，会严重影响焊接过程中的熔化量平衡，其熔化量的极限可达到一种金属完全不熔化的程度。与此同时，当熔点差异较大时，熔点较高的金属易发生过分收缩，从而对熔点较低的金属产生拉应力，严重时可能产生裂纹或剥离，无法焊接。

为实现熔点差异较大的金属材料焊接，需在两种金属间形成过渡金属层或过渡金属焊接接头，逐步降低焊接时两侧金属的熔点差，形成较好的熔化量平衡。

四、 形成脆性相

异种金属焊接时，由于待焊接材料的化学成分多样复杂，极易在焊缝处形成非金属化合物或脆性相，这将极大地降低焊接接头的力学性能，部分金属甚至在焊接完成后即产生裂纹。铁/铝和钢/钛接头属于焊接过程中极易产生脆性相的焊接接头，一般在焊接完成后，在焊接接头易形成贯穿性裂纹，无法实现两者的连接。

因此，针对典型金属材料复杂结构且温度突变的高压容器的焊接，需要通过大量的工艺研究，形成稳定可靠的异种金属材料焊接工艺，保证异种材料的焊接焊缝质量，避免在焊接过程中产生以上四类焊接问题。

第三章

典型焊接接头的结构类型

第一节

焊接接头的基本概念

一、焊接接头

焊接接头是指用焊接方法连接的接头。随着现代焊接技术的发展，新的焊接方法不断出现，接头类型更加繁多，但应用最广泛的是熔焊焊接接头。

二、焊接接头的特点

焊缝接头由焊缝金属、熔合线、热影响区和邻近的母材组成，如图 3-1 所示。焊接接头是采用高温热源对被焊金属进行局部高温加热，使之熔化并冷却凝固，将被焊母材熔合连接在一起而形成的。

在焊接接头中，焊缝金属一般是由焊接填充材料及部分母材熔合凝固形成的铸造组织，其组织和化学成分与母材有较大差异。近缝区受焊接热循环和热塑性变形的影响，金属组织和性能都发生了变化，特别是熔合线处的金属组织和成分

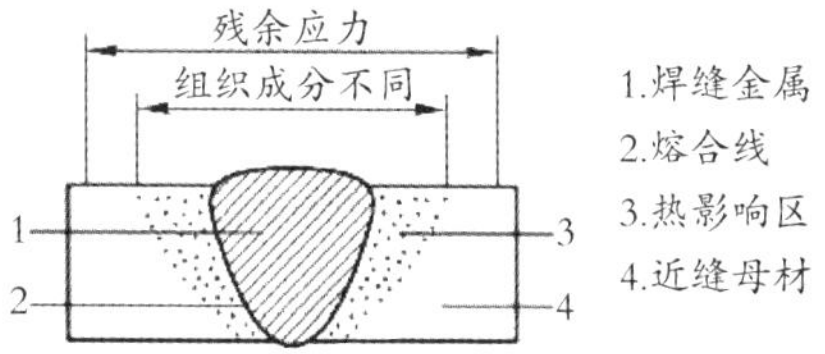

图 3-1
焊接接头的构成

更为复杂。此外，焊接接头因焊缝形状和布局不同，会产生不同程度的应力集中，因此，焊接接头是一个不连续体。由于焊接接头是一个不连续体，所以其断裂强度、塑性和韧性与母材不同。

影响焊接接头性能的因素较多，归纳起来大致有两个方面：一方面是受焊接接头力学性能的影响，主要包括焊接接头形状的不连续性、焊接缺陷（如焊接裂纹、熔合不良、咬边、夹渣、气孔等）、残余应力和焊接变形；另一方面是受焊缝金属的化学成分、组织方面的影响，主要表现在焊接过程中的热循环不仅使局部区域发生组织变化，而且还会使一些区域经受较复杂的塑性变形，造成焊接材质性能下降。此外，焊后热处理和矫正变形等加工工序，也会影响焊接接头的性能。

三、 焊接接头的基本形式

在焊接结构中，一般根据焊接件的结构形式、钢材厚度和强度等要求以及施工条件等情况来选择焊接接头形式。最常用的接头是对接接头、搭接接头、T形（十字形）接头和角接接头，不同类型的接头有各自的优缺点。

1. 对接接头

对接接头是将同一平面上的两个被焊工件的边缘相对焊接起来而形成的接头，这两个被焊工件表面构成大于或等于135°、小于或等于180°夹角的接头。在焊接生产中，通常使对接接头的焊缝略高于母材板面，高出部分称为余高（可分为正面余高和背面余高）。由于余高的存在，造成构件表面不光滑，在焊缝与母材的过渡处易引起应力集中，应力大小主要受余高大小、焊缝向母材过渡半径的影响。

对接接头中的焊缝叫作对接焊缝。按照焊接件厚度及坡口准备的不同，对接接头的形式也可分为边对接接头、I形接头和坡口对接接头。各种接头形式和坡口形状如表3-1所示。由于具备受力好、强度大、应力集中小等显著特点，对接接头是结构设计者选用最多的，但对接接头对两个被焊工件边缘加工及装配要求较高，如果处理不当，易造成质量隐患。

表 3-1

对接接头及焊缝基本形式

接头形式	焊接接头示意图	焊缝形式举例	坡口名称
对接	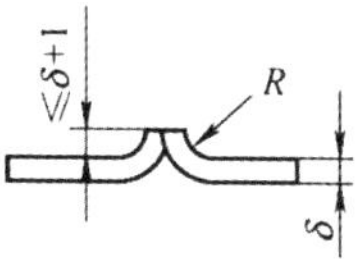		卷边坡口
	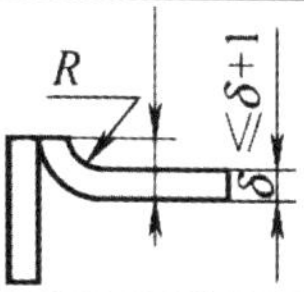	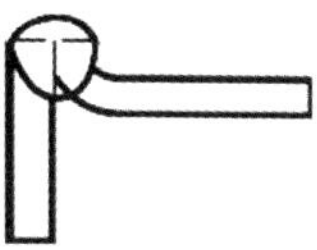	
	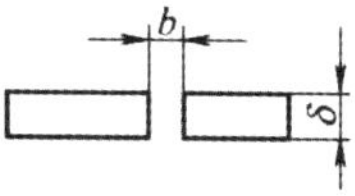	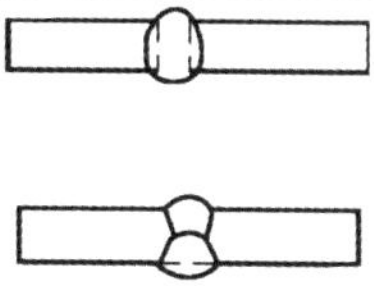	I 形坡口
	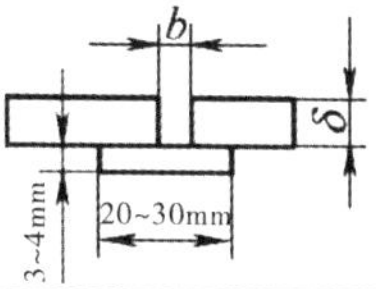		I 形带垫板坡口
	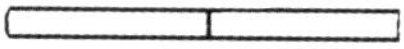	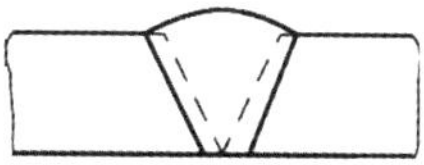	V 形
		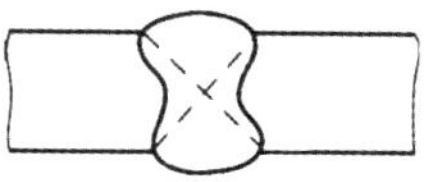	双 V 形

（续表）

接头形式	焊接接头示意图	焊缝形式举例	坡口名称
对接		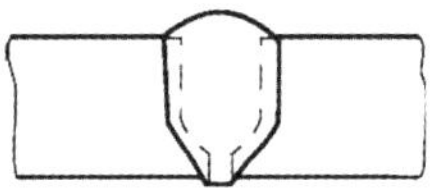	带钝边 U 形
		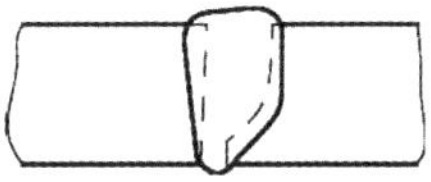	带钝边 J 形
		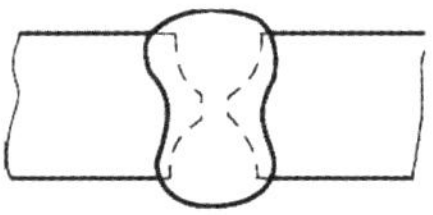	带钝边双 U 形坡口

对于焊件厚度较厚、要求较高的焊件，为了确保焊接质量、接头的性能以及经济性，需对焊件开坡口。而坡口形式的选择主要根据工件的厚度、焊后应力变形的大小、坡口加工的难易程度、焊接方法和焊接工艺过程等确定。

2. 搭接接头

搭接接头是将两个被焊工件部分重叠焊接构成的接头，在重叠部分的端部或侧面以角焊缝连接，或加上塞焊缝、槽焊缝连接的接头。根据结构形式和强度要求的不同，一般可以采用不开坡口、开槽塞焊和圆孔塞焊等形式，如表 3-2 所示。

表 3-2
搭接接头及焊缝基本形式

接头形式	焊接接头示意图	焊缝形式举例	坡口名称
搭接	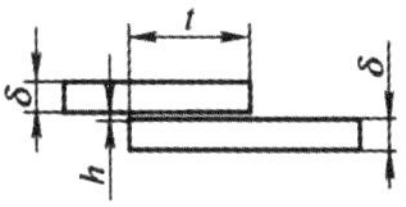		不开坡口
		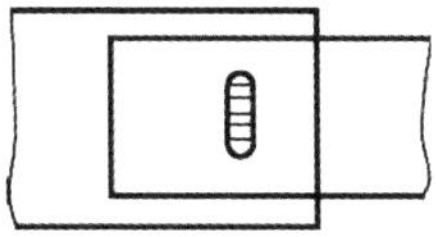	开槽塞焊
		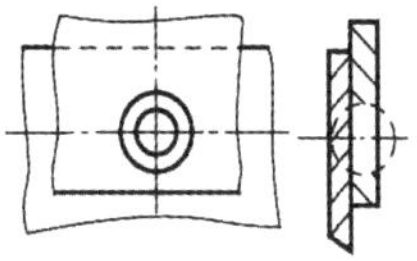	圆孔塞焊

由于搭接接头使构件形状发生了较大的变化，所以应力集中要比对接接头的情况复杂得多，而且接头的应力分布极不均匀。

在搭接接头中，根据搭接角焊缝受力方向的不同，可将搭接角焊缝分为三种形式：焊缝长度方向与受力方向垂直的角焊缝称为正面角焊缝；焊缝长度方向与受力方向平行的角焊缝称为侧面角焊缝；焊缝长度方向与受力方向成一定角度的角焊缝称为斜向角焊缝。

由于受力时两个被焊工件的中心线可能不一致，易产生附加弯矩，加上工作应力分布不均匀，疲劳强度低，因此，搭接接头不是焊接结构中的理想连接形式。但它的焊前准备和装配工作比对接接头简单得多，而且横向收缩量也比对接接头小，所以在焊接结构中仍得到较为广泛的应用。

不开坡口的搭接接头一般用于12mm厚度以下的焊接件连接。但对锅炉、压力容器以及其他一些承载能力要求较高的焊接件焊缝，都不适合采用搭接形式。在工程实际应用中，为了提高搭接接头的使用性能，尽可能采用正反面都进行焊接的接头形式，如图3-2所示。

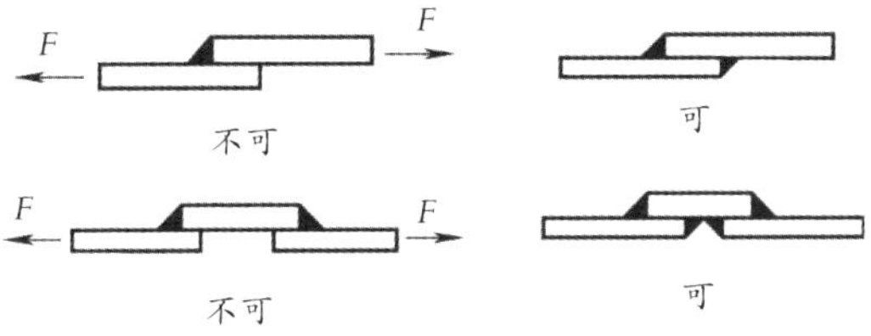

图3-2
搭接接头比较

3. T形（十字形）接头

T形（十字形）接头是把互相垂直或近似垂直的被焊工件用角焊缝连接的接头，能承受各个方向的力和力矩。T形接头是各类箱形构件中最常见的接头形式，如压力容器插入式管子与筒体的连接，人孔与加强圈、筒体的连接结构。

T形（十字形）接头的种类较多，有焊透和不焊透的、开坡口和不开坡口的，如表3-3所示。

表 3-3

T 形（十字形）接头及焊缝基本形式

<table>
<tr><th>接头形式</th><th>焊接接头示意图</th><th>焊缝形式举例</th><th>坡口名称</th></tr>
<tr><td rowspan="3">T 形（十字形）接</td><td rowspan="3">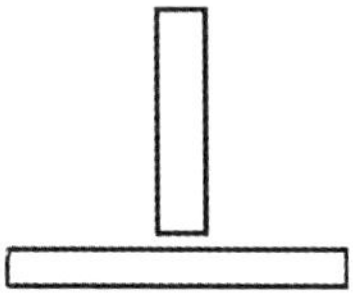</td><td>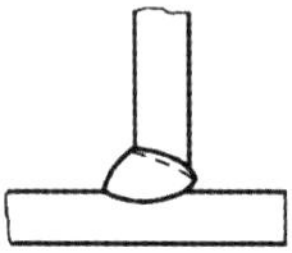</td><td>单边 V 形坡口</td></tr>
<tr><td>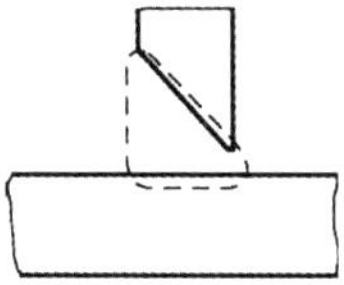</td><td>钝边单边 V 形</td></tr>
<tr><td>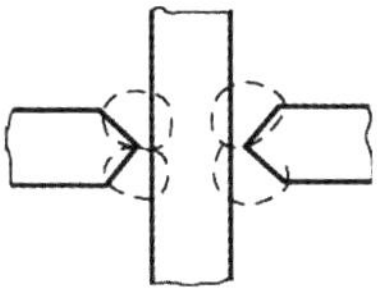</td><td>双单边 V 形</td></tr>
</table>

由于T形（十字形）接头焊缝向母材过渡较急剧，接头在外力作用下扭曲很大，造成应力分布极不均匀，比较复杂，并在角焊缝和趾部有很大的应力集中。保证焊透是降低 T 形（十字形）接头应力集中的重要措施之一。

在实际生产中，应避免采用不开坡口的单面焊。对于厚板并受动载荷的T形（十字形）接头，应采用 K 形或 V 形坡口使之焊透，改善疲劳性能。对于要求全焊透的 T 形接头，若采用 V 形坡口单面焊，焊后再清根焊满，比采用 K 形坡口的焊接性能更为可靠。

4. 角接接头

角接接头是两个被焊工件端面间构成一定的角度，端部构成大于 30°、小于 135°夹角，在焊件边缘焊接的接头。角接接头分为两大类：不开坡口和开 V 形。其中开 V 形包括单边 V 形和 K 形坡口，K 形坡口也叫双 V 形坡口，如表 3-4 所示。

角接接头多用在箱形构件上，骑坐式管接头和筒体的连接、小型锅炉中火筒和封头的连接也属于这种接头形式。

表 3-4
角接接头及焊缝基本形式

接头形式	焊接接头示意图	焊缝形式举例	坡口名称
角接	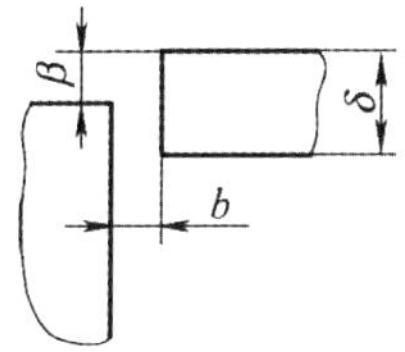	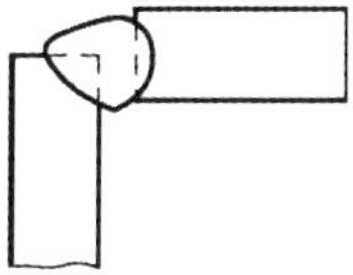	不开坡口
	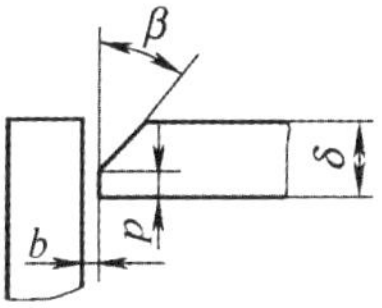	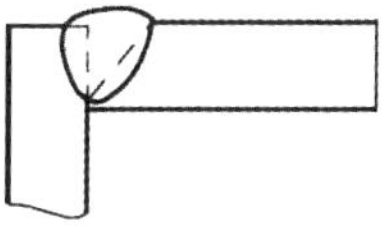	单边 V 形坡口
	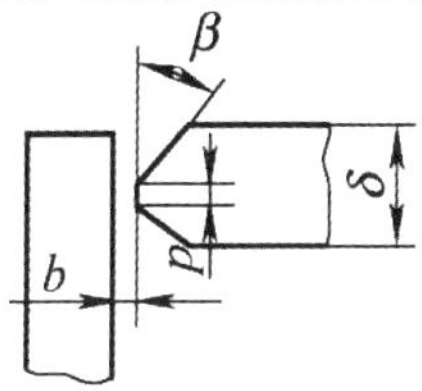	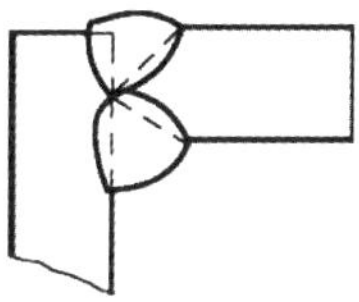	K 形坡口

与T形接头类似，单面焊的角接接头承受反向弯曲的能力较低，除非焊接件很薄或者焊接不重要的结构，一般都应开坡口双面焊，双面焊角接接头的承载能力将会大大提高。焊接接头形式的选用，主要根据焊件的受力情况、结构和零件的几何尺寸、焊接方法、焊接位置以及焊接条件等情况来定。

四、 焊接接头表示和结构设计原则

1. 焊缝符号的组成与表示

为了简化图样、统一焊接施工图上的标注代号，国家标准 GB/T 324—2008 规定了焊缝符号的表示方法。焊缝符号一般由基本符号和指引线组成，必要时可以加上辅助符号、补充符号和焊缝尺寸及数据。

（1）基本符号：表示焊缝端面形状的符号。

（2）辅助符号：表示焊缝表面形状特征的符号。当不需要确切说明焊缝的表面形状时，可以不用辅助符号。

（3）补充符号：为了补充说明焊缝某些特征而采用的符号。

常用的焊缝基本符号、辅助符号和补充符号如表 3-5 所示。

表 3-5
常用焊缝基本符号、辅助符号、补充符号及标注示例

	符号	焊缝名称	示意图	标注示例
基本符号	ǁ	I 形焊缝		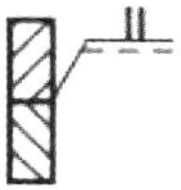
	V	V 形焊缝		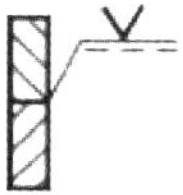
	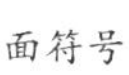	单边 V 形焊缝		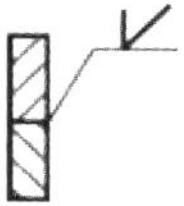
辅助符号	—	平面符号		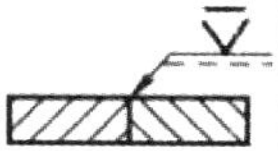
	⌣	凹面符号	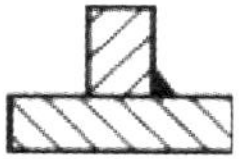	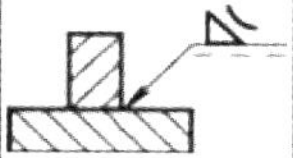
	⌢	凸面符号		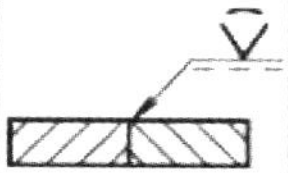

（续表）

符号		焊缝名称	示意图	标注示例
基本符号		带钝边 V 形焊缝	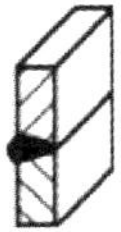	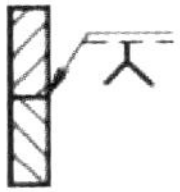
		带钝边单边 V 形焊缝		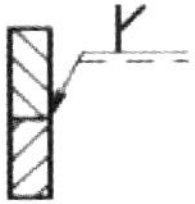
		角焊缝		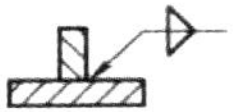
		点焊缝		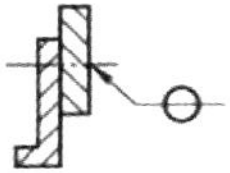
补充符号		三面焊缝符号	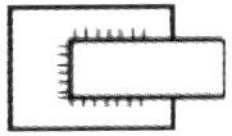	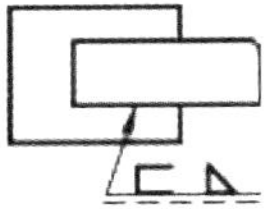
		周围焊缝符号	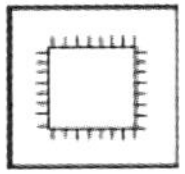	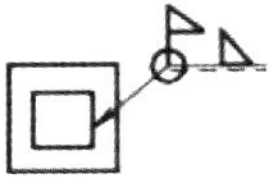
		带垫板符号		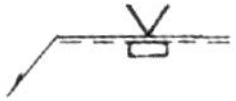
		现场符号		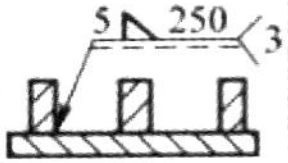

（4）焊缝尺寸符号：用于代表焊缝的尺寸要求，当需要注明尺寸时才标注。表 3-6 所示为常用的焊缝尺寸符号。

表 3-6
常用焊缝尺寸符号及标注示例

名称	符号	示意图	标注示例
工件厚度 坡口角度 坡口深度 根部间隙 钝边高度	δ α H b B	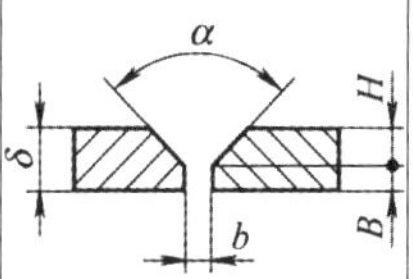	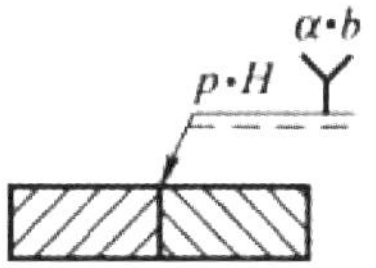
焊缝段数 焊缝长度 焊缝间隙 焊脚尺寸	n l e K	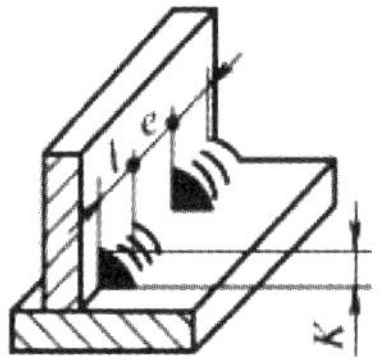	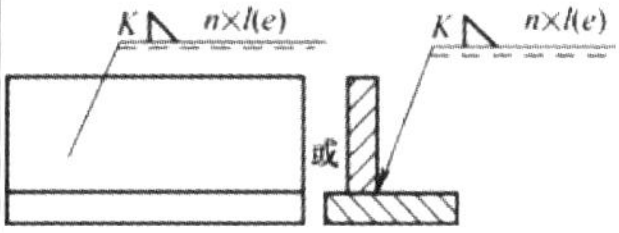
熔核直径	d	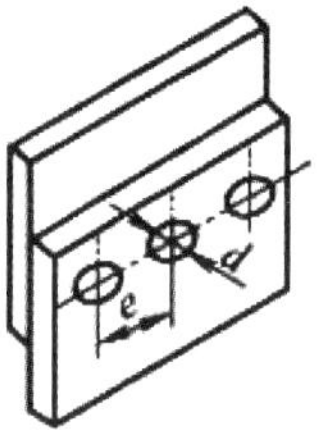	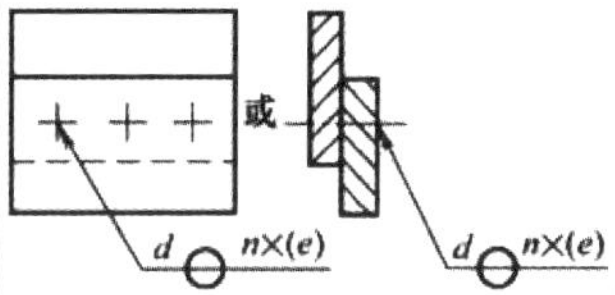
相同焊缝数量符号	N		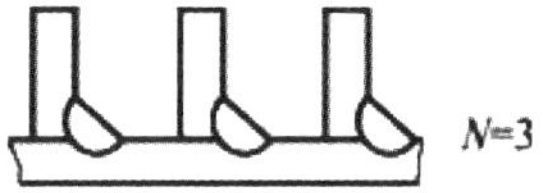

（5）指引线：由箭头线和基准线组成，箭头指向焊缝处，

基准线由两条互相平行的细实线和虚线组成。当需要说明焊接方法时，可以在基准线末端增加尾部符号，如图 3-3 中的 a 图所示。图 3-3 中的 b 图为焊缝尺寸符号及数据的标注位置。

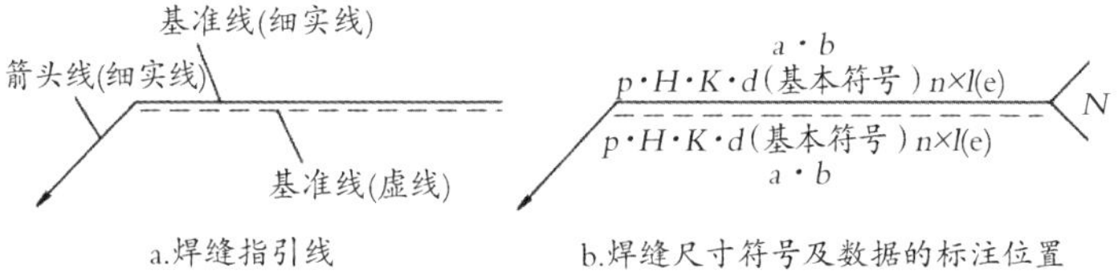

图 3-3
焊缝符号的指引线及尺寸符号的标注位置

2. 焊接接头设计与选择原则

焊接接头是构成结构的关键部分，同时又是结构的薄弱环节，其性能好坏会直接影响整个结构的质量。实践证明，焊接结构的破坏多源于焊接接头区。这一结果除了与材料的选用、结构的合理性以及结构的制造工艺有关，还与接头设计有直接的关系。因此，在保证焊接质量的前提下，焊接接头设计与选用应遵循以下原则。

（1）接头形式应尽量简单，焊缝填充金属要尽可能少，接头不应设在最大应力可能作用的截面上，否则由于接头处几何形状的改变和焊接缺陷等，会在焊缝局部区域引起严重的应力集中。

（2）焊缝外形应连续、圆滑，以减少应力集中。

(3) 接头设计要使焊接工作量尽量少，且便于制造与检验。

(4) 合理选择和设计接头的坡口尺寸，如坡口角度、钝边高度、根部间隙等，使之有利于坡口加工和焊透，减小各种焊接缺陷产生的可能性。

(5) 角焊缝接头要特别重视焊脚尺寸的设计和选用。因为大尺寸角焊缝的单位面积承载能力较低，而焊脚材料的消耗却与焊脚的尺寸成正比。

(6) 按等强度要求，焊接接头的强度应不低于规定的母材标准抗拉强度的下限值。

(7) 焊接残余应力对接头强度的影响通常可以忽略不计，但是对于焊缝和母材在正常工作时缺乏塑性变形能力的接头以及承受重载荷的接头，仍需考虑残余应力对焊接接头强度的影响。

第二节 焊接结构

焊接结构是将各种经过轧制的金属材料及铸、锻等坯料采用焊接方法制成能承受一定载荷的金属结构。

一、焊接结构的特点

1. 焊接结构的优点

（1）焊接接头强度高：可达到与母材等强度甚至高于母材强度的水平。

（2）结构件重量有所降低：焊接结构可以减轻结构的重量，提高产品的质量，特别是大型毛坯的质量（相对于铸造毛坯来说）。与铆接结构相比，焊接接头效能较高，节省金属材料，节约基建投资，可以获得较大的经济效益。

（3）结构件壁厚不受限制：由于采用焊接连接，理论上来说，焊接结构的连接厚度是没有限制的（与铆接相比），壁厚可以相差很大，为制造大厚度巨型结构创造了条件。

（4）气密性良好：焊接能使结构有很好的气密性和水密性，特别适合用于制造高温、高压容器，如储罐、压力容器、船壳等结构。

（5）易形成复杂结构：焊接结构多用轧钢制造，它的过载能力、承受冲击载荷能力较强（和铸造结构相比）。对于复杂的连接，用焊接接头来实现要比铆接简单得多。高水平的焊接结构设计人员可以灵活地进行结构设计，并有多种满足使用要求的结构可供选择，简单的对接焊和角焊就能构成各种焊接结构。

（6）根据工况选择材料：焊接结构可根据结构各部位在

工作时的环境、所承受的载荷大小和特征，采用不同的材料制造，做到物尽其用，从而满足结构使用性能，又降低制造成本。

（7）成本下降：节省制造工时，同时也就节省了设备及工作场地的占用时间，达到节约资金的结果。

2. 焊接结构的缺点

（1）存在较大的焊接应力和变形：由于焊接是局部加热，易产生内应力和变形。

（2）对应力集中敏感：焊接结构具有整体性，其刚性大，焊缝的布置、数量和次序等都会影响应力分布，亦会产生应力集中，需通过焊接结构设计尽量避免。

（3）焊接接头性能不均匀：焊接接头在成分、组织和性能上都是一个不均匀体，其性能不均匀性远超过铸件、锻件，影响结构件性能。

二、 焊接结构的应用类型

焊接结构的应用类型众多，其分类方法也不尽相同，相互间有交叉和重复现象，难以用单一的方法进行区分。

根据制造结构板件的厚度不同，可分为薄板、中厚板、厚板结构；根据最终产品来划分，可分为飞机结构、油罐车、船体结构、客车车体等；根据采用的材料来划分，可分为钢焊结构，铝、钛合金结构等。

根据结构的特征，并与其设计和制造紧密相连，各种结构的分类及其特点可简述如下。

（1）梁、柱和桁架结构。承载横向弯曲载荷和纵向弯曲或压力下的结构可称为梁和柱。被多种杆件节点连成承担梁或柱的载荷，而各杆件都在拉伸或压缩载荷下的结构称为桁架。作为梁的桁架结构杆件分为上下弦杆、腹杆（又分竖杆和斜杆），载荷作用在节点上，从而使各杆件形成受拉力或压力的二力杆。

（2）壳体结构。这是充分发挥焊接结构水密、气密特点，应用最广、用钢量最大的结构，大多经钢板成形加工后拼焊而成，要求焊缝致密。一些承受内压或外压的结构焊缝一旦失效，将造成重大损失。

（3）运输装备结构。这种结构大多承受动载，有很高的强度、刚度、安全性要求，并希望重量最小，如汽车结构（轿车车体、载货车的驾驶室等）、铁路敞车、客车车体和船体结构等。而汽车结构全部、客车体大部分又是冷冲压后经电阻焊或熔焊组成的结构。

（4）复合结构及焊接机器零件。要满足工作机器的各项要求，如工作载荷常是冲击或交变载荷，还要求耐磨、耐蚀、耐高温等。为满足这些要求，或满足零件不同部位的不同要求，往往采用多种材料与工艺制成的毛坯再焊接而成，常见的复合结构有铸压焊结构、铸焊结构和锻焊结构等。复合结构的焊接可以在加工毛坯后完成。

三、 焊接结构的分类

在典型金属材料复杂结构且温度突变的高压容器焊接中，由于应用工况恶劣、工作中交变载荷变化大、震动大、环境复杂、温度变化梯度大（从3300℃左右到-253℃左右)，给结构焊接质量的有效保障带来很大困难，必须精心控制过程，才能达到相应的技术要求。

依设计指导思想和原则，首先应选用标准规定的典型焊接接头结构，即焊接标准规定的标准角度的对接、角接、搭接、T形接头。其中，就某些受力状态和使用工况的需求来讲，应优先选用标准接头形式的对接接头结构，其他依次为角接、T形接、搭接等结构。

1. 典型对接接头结构

（1）管状标准（180°）直线I形对接结构。

在典型金属材料复杂结构的焊接中，由于其结构紧凑、状态复杂，受结构焊接时热输入及局部导热状态的影响，操作时有其特殊性。因此，可按其操作控制状态分为小直径对接状态（一般为焊接管嘴居多)、一般直径对接状态、平板对接状态、角对接状态、锁底对接状态、特殊对接状态等。

小直径对接接头（接管嘴）一般是指直径（外径）在

20mm 以下的管或接管嘴对接接头形式，其中又分为薄件和厚件两种焊接接头结构形式。

薄件焊接接头结构一般是指 δ≤1mm 的焊接接头结构。这种厚度的产品在焊接时，接头对接部位（待焊处）可不做任何工艺形式的接头形状改变加工处理，对齐后可直接进行焊接加工操作。其中，有些熔融性较易掌握的材料，如不锈钢接头等，材料厚度可适当放宽到 δ≤1.5mm，可按薄件接头结构加工方式处理。

厚件焊接接头结构一般是指 δ≥1mm 的焊接接头结构。这种厚度的结构产品在焊接开始前应进行对接部位接头形状的加工处理或工艺技术处理，如开坡口、拉开对接间隙等。

对于产品结构直径超过 20mm 的对接结构，由于其受热输入累积效应的影响较少，故可以按一般对接状态进行工艺处理，即材料厚度在 1.5mm 以下的焊接接头，对接部位可不进行任何改变接头形状的加工处理，对齐定位后可直接进行焊接。对于材料厚度超过 1.5mm 的焊接接头，可按需要进行一定方式的接头形状改变后再进行焊接，其目的是充分保障对接接头的焊接质量。

（2）平板对接接头结构。

在典型金属材料复杂结构产品焊接中，其零件生产阶段和组装阶段都存在着大量的平板对接结构，其接头结构大部分为I形或V形。其中，材料厚度小于1.5mm的焊接接头结构一般选用I形，超过这一厚度可选用V形。接头开敞性允许的大厚度零件的焊接接头，可选用X形接头结构进行双面焊接。

（3）角对接接头结构。

在典型金属材料复杂结构产品的焊接中，由于其结构的复杂性和特殊性能需求，很多角焊缝也按对接方式来处理，即单面焊、双面成型的角对接方式。这其中又分为内外坡口或自然坡口对接方式。内坡口对接方式是由于结构和性能要求，在结构内角（内表面存在角焊缝或阴角）部位采用角对接方式，采用单边开坡口方式，角度为45°~55°。外坡口对接方式是在结构外表面（或阳角）部位采用角对接方式，根据需求可采用单边开坡口（角度为45°~55°）或双边开坡口（角度为60°~65°）方式。自然坡口对接方式是利用零件的自然角度进行角对接所形成的角对接焊接接头方式。

2. 非典型对接接头结构

（1）非标准对接结构。

为了满足典型金属材料复杂结构且温度突变的高压容器的特殊需求，在型号产品对接接头中，存在着很多非标准对接结构。

小于180°的管对接结构：由于结构工程上的需要采用的

按实际走向而形成的特定角度的管对接结构，如135°左右的管对接结构、60°左右的管对接结构等。

圆弧（板）管对接结构：由于结构需求形成的圆弧对直线、圆弧对圆弧的焊接接头结构。

空间曲线对接结构：由于火箭发动机存在着应用工况恶劣、振动大等缺陷，所以往往在一些关键的空间连接部位也采用拉凸成型对接方式，如骑座式拉凸对接接头工艺结构等。

（2）锁底对接结构。

典型金属材料复杂结构且温度突变的高压容器产品由于某些结构和性能要求，有时对焊接结构相关位置度和焊缝的焊漏有较严格的限制，所以在实际结构中较多采用锁底对接结构。

3. 复合形式焊接接头结构

典型金属材料复杂结构且温度突变的高压容器产品焊接结构的最大特点是需要随着型号产品结构的变化而变化。由于受空间结构变化、型号产品工作需求和应用需求等限制，在考虑型号产品满足使用状态需求的同时，还要保证型号产品结构保持合理分布和连接状态。因此，一些焊接结构采用了复合形式焊接接头结构。

（1）角接、搭接组合复合接头结构。

这一类结构一般存在于型号产品管管相贯结构中。由于其相贯线和接头部位的成型处理，形成角接渐进的搭接结构，来满足型号产品对于使用性能的结构需求。

（2）角接、端接组合复合接头结构。

这一类结构一般存在于小型紧凑结构部件的组装焊接接头中，用于满足型号产品的特殊需求。

4. 特殊焊接接头形式结构

特殊焊接接头形式结构是为了满足典型金属材料复杂结构且温度突变的高压容器使用性能的特殊需求而采用的特殊焊接接头工艺的焊接结构，一般出现在厚薄差较大、要求焊接接头部位热输入差别较大的焊接结构。例如，超薄（δ0.08~0.12mm）对超厚（δ10~20mm）、小直径超薄毛细管（Φ2×0.3mm）对接厚板结构等，可利用局部减缓槽或减缓凸台结构，实现焊接接头部位的有效连接，从而保证其使用性能要求。

5. 焊接可达性差结构

（1）焊炬可达性差结构。

由于减重和空间的需要，现代先进的典型金属材料复杂结构且温度突变的高压容器的结构设计越来越朝着体积小、推力大的方向发展，其特点之一就是结构紧凑、效能比高，在满足型号产品的各种性能需求的前提下，尽量利用产品部组件的有限空间进行功能结构设置。

这就不可避免地带来了局部焊接结构空间极度狭小的问题，再加上焊接工装遮挡，一般情况下，焊炬（焊枪）很难达到施焊部位，需要改变焊炬（焊枪）形状、钨极伸出长度，并采用特殊操作技法，才能满足对施焊部位的焊接操作。

（2）操作可达性差结构。

操作可达性差结构是指由于结构的限制，障碍较多，难以进行施焊操作的结构。造成这一结构的原因之一就是依据结构设计的主导思想，充分利用型号产品部组件的有限空间，进行一系列部组件有效布局和连接，导致施焊过程中的相互遮挡和阻碍。

同时，手工氩弧焊一般为双手操作，焊炬的运行与送丝的操作相互配合，需要一定的有效空间来满足施焊过程的操作，这与型号产品结构设计主导思想相冲突。依据设计结构效能最大化原则，如能在工艺提升过程中，通过攻关和创新操作，满足设计结构使用要求的，应以设计结构为主。这使得结构相互制约和限制，操作可达性差，需创新操作技法才能满足施焊过程的有效性，保证焊接接头质量。

（3）视觉可达性差结构。

在焊接操作过程中，施焊点、操作源（电弧与送丝）与视觉必须在一条直线上，才能维持有效的直视效果，保证产品焊接接头金属熔融过程得到控制，进而保证焊缝质量。

在具体的典型金属材料复杂结构且温度突变的高压容器产品装配组合焊接过程中，由于型号产品结构本身复杂多变，部组件高低错落，再加上防止变形和零件组装限位所用的焊接夹持工装的遮挡，或是有些窄小结构焊接时操作人员手臂、焊炬（焊枪）及焊丝所形成的遮挡，造成施焊点视线受限，不能直视来进行过程控制。

面对这一情况，必须通过复合操作技巧弥补视线可观范围的不足，才能保证焊接熔融控制过程的稳定，确保型号产品的接头质量。

（4）电弧（热量）可达性差结构。

典型金属材料复杂结构且温度突变的高压容器结构为了满足小体积、大功率的设计初衷，产品结构设计紧凑，在充分满足应用需求的前提下，接头形式多样。而为了达到使用可靠的目的，其所采用的焊接工艺又是依现场施焊原则而定的，只要能够满足结构承载需求的焊接工艺均可采用。这就带来了各种接头结构形式在不同焊接工艺的电弧作用下，如何实现可靠性连接的研究和讨论。

这里所说的电弧可达性差结构，一是指结构方面的，如一定厚度的角焊缝、小坡口焊缝、材料导热性较高的焊缝等，由于结构导热的不均衡性，导致电弧热源作用的有效性及焊缝有效连接的理想形态受到影响，其表现是焊缝宽、熔深浅，与焊缝理想系数相差甚远。二是指一定的焊接工艺、电弧自身的特性使电弧热源作用的有效性发生变化，如焊接电源输出波形及交变、逆变频率的变化，使电弧的压缩特性发生改变，进而使电弧热能的集中性产生变化。三是焊接工艺固有的电弧热能量的局限性，如熔化极焊接（包括手工电弧焊、MIG/MAG 焊接等）。四是机械的或物理的、影响电弧热能发生变化的焊接工艺，如富氩焊接、等离子焊接等。

6. 非对称焊接结构

（1）偏置结构。

由于典型金属材料复杂结构且温度突变的高压容器结构使用特性和设计应用性的需求，存在着大量的偏置焊接结构，即上下偏置、左右偏置和内外偏置等结构接头组件的焊接。其特点是在某一特定方向上的焊接接头较多，其他方向上无焊接接头或焊接接头很少，造成产品在某一方向上的焊接热输入量较大，应力叠加和变形较大，给型号产品部组件的形位公差和加工精度控制带来困难和巨大影响。

这类结构极大地考验焊接工艺与操作的工程实践控制能力及优化协调能力，而这些能力是保障结构设计性能的核心支撑技术。

（2）非对称导热结构。

典型金属材料复杂结构且温度突变的高压容器由于大多依靠高温火焰燃烧时的热膨胀产生动力，自诞生之初就存在着需要材料或镀层耐高、低温，导热，以及在高、低温环境下材料结构强度不损失或损失较小的特性。因此，典型金属材料复杂结构且温度突变的高压容器的结构设计，是按照各部分材料的使用特性，对不同材料进行结构设计组合而生产的。

由于选择的材料不同，使用需求不同，型号产品部组件的导热性也不相同，尤其是近代先进高效能的动力设计结构，其内壁大量使用具有超强导热性的铬铜、锆铜、银锆铜等材料，外壁为导热性和耐高、低温强度都很好的镍基合金等材料，在与其他结构件组装焊接时，会出现动力主体结构的导热性大大优于连接于动力主体结构上的其他结构的导热性。这种由于导热性相差很大的结构之间的焊接所带来的同一接头熔融过程中两侧结构间急剧变化的操作难题，要靠非对称的特殊工艺操作来保障特殊关键结构件的焊接接头质量。

（3）不等壁厚结构。

典型金属材料复杂结构且温度突变的高压容器结构由于应用工况恶劣、使用需求变化梯度大、各部组件使用功能转换快、产品设计冗余的系数低，所需要的动力产品结构转化也要与之相适应。这就带来相应结构需求的变化，而产生较大承受载荷能力的变化，应运而生的就是典型金属材料复杂结构且温度突变的高压容器各部分部组件厚薄不等的结构变化，具体体现为结构承载能力或应用环境高、低温的变化，使用工况高、低压的变化和所产生的结构厚度差的巨大变化，如超薄部组件与超厚部组件的焊接等。这种壁厚差值很大的焊接接头，给正常的焊接工艺实施带来困难，因此也需要进行认真的研究，制定相应的对策。

7. 材料焊接性差结构

（1）焊接接头易裂结构。

由于典型金属材料复杂结构且温度突变的高压容器产品的实际应用工况复杂、交变载荷变化大，因此在其结构设计中，会针对不同的应用工况要求，选用对应的材料。其中有很多高强度钢或时效状态下的高温合金，其碳当量在35%~45%，甚至更高。

还有一些不同材料之间的对接焊，由于两种材料的混合比例不同，产生的混合组织结构可焊性较差。材料焊接后，有些结构焊接接头或材料过渡层中马氏体组织占主体，有些结构的焊接接头中含有大量的魏氏体组织等脆性组织或低熔点共晶相组织，形成可焊性较差的、极易出现各种裂纹的焊接接头产品结构。

（2）焊接接头易氧化结构。

随着典型金属材料复杂结构且温度突变的高压容器产品性能的提高和拓展，以及动力应用工况和自身重量及强度的需求，现代动力产品设计结构较多采用了在高、低温环境下强度损失较小的镍基合金和轻质强度金属，如铝合金、钛合金以及导热性极好的铜合金等。这几种材料的离子键都很活泼，与氧的亲和力较强，焊接接头极易氧化，会造成机械性能下降等质量问题。因此，控制易氧化焊接接头的焊接工艺就成为获得优良焊接接头性能的必要保障。

在实际生产中，必须严格控制施焊环境，才能保证焊接接头不被氧化或污染，避免造成焊接接头综合机械性能下降，从而影响焊接接头的使用要求和质量。

（3）焊接接头熔融金属不易控制结构。

现代典型金属材料复杂结构且温度突变的高压容器所使用的材料应用要求特殊，性能要求广泛，既要具有耐高、低温特点，又要耐蚀、耐腐、耐氧化，且长期不蜕变。如果所选择材料本身的熔融特性不易控制，还需要添加或改变金属的合金元素含量来保证其应用特性，各种材料的物理特性和化学特性也随之发生较大的变化。

一些金属的流动性较好，焊缝稀释程度及润湿效果好，焊缝成型难以控制，如无氧铜、铬铜、GH4169 等（相对于不锈钢来说)。而另一些金属流动性较差，黏稠程度高，润湿性差，焊缝成型同样难以控制，如锆铜、GH1131 等（相对于不锈钢来说)。上述金属材料的熔融现象都给焊接接头质量过程控制带来难题，需摸索出应对的加工工艺措施，才能充分保证焊缝质量和型号产品的结构质量。

（4）焊接接头烧蚀或过度氧化结构。

现代先进的典型金属材料复杂结构且温度突变的高压容器使用的燃料一般都是无毒、无污染、无腐蚀的清洁燃料，各种动力结构需要重复多次使用，在使用梯度温度区间变化很大且交变频率高的环境影响下，经过数次热试车或实际应用工况考核后，很容易使结构材料表面烧蚀或过度氧化，使容器产品发生渗漏、材料表面破损等缺陷。

这类情况对后续产品的维护、缺陷排补过程中的熔融过程会产生较大影响。由于烧蚀组织的作用或结构表面过度氧化，金属表面熔融相当困难，材料不易熔合，焊缝表面成型困难，给产品接头的焊接过程和焊缝质量带来很大的影响。

（5）焊接接头易变形结构。

在典型金属材料复杂结构且温度突变的高压容器焊接接头中，特别是在复杂的、难操作的、加工精度要求高的手工焊接接头中，影响焊接接头质量的一个重要因素就是焊接变形。因为焊接变形致使零部组件形位尺寸超差，影响产品使用，甚至造成产品报废的情况也屡有发生。

因此，在零件产品接头的焊接中，不但要考虑产品结构状态应力分布趋向，还要从材料物理、机械特性方面去考量其性能状态，如材料的强度、硬度、塑性、线膨胀系数、收缩比等，这些都需要在对产品的接头实践生产过程中逐步摸索和掌握，才能从理论到实践方面理清思路，优化焊接变形工艺控制流程，达到成熟工艺控制效果。

一般来说，动力产品焊接结构材料厚度大于1.5mm，且强度、硬度高，线膨胀系数、收缩比小的产品的接头变形小，反之变形趋势较大，需着重考虑利用各类焊接工装进行刚性约束。

（6）焊接接头易产生气孔结构。

典型金属材料复杂结构且温度突变的高压容器结构由于紧凑空间和应用特性的需求，除了结构复杂，还存在着很多异形接头形式（超出常规的接头形式）和多种金属材料的分部段、分结构、分特性的混合应用。

在焊接过程中，还经常会出现影响产品质量的焊缝气孔。排补气孔虽然可以保证焊缝质量，但对产品结构的性能有一定的不良影响。超过标准规定的排补次数，还可能造成产品报废。因此，如何针对产品结构的接头形式和材料特性进行预先控制规划与设计，也是需要认真研究的课题。

一般来说，窄小坡口、I形坡口或超出焊接保护区域的焊缝坡口形式，以及处于散状保护状态的焊缝如外角焊缝，出现焊缝气孔的概率较大；反之，处于标准坡口范围内，如单边坡口为30°~35°，以及处于内角焊缝、有利于集中保护的焊接接头形式，出现焊缝气孔的概率则较小。从材料学方面分析，与氧亲和力较强的金属材料，疏松材料金属，含气量、含碳量较高的金属合金出现焊缝气孔的概率较大，需要严格控制工艺流程，才能保证产品结构焊接处于优良的技术性能状态。

8. 异种金属焊接结构

（1）焊缝金属能形成混合合金的焊接结构。

异种金属的焊接是指两种或两种以上的不同金属（指其化学成分、金相组织及性能等不同）在一定工艺条件下进行焊接加工的过程。而在典型金属材料复杂结构且温度突变的高压容器产品结构中，由于使用要求、工况、环境的不同，所带来的产品结构和材料也随之改变。因此，该类型产品诞生以来，就存在着两种及以上不同金属之间焊接组装的异种金属焊接接头结构。

异种金属熔融结晶后，能形成焊缝金属混合合金焊缝。

这种焊缝化学成分复杂，焊缝结晶后的性能是由焊缝中存在的两种及以上材料的熔合比，以及过渡层中化学成分和金相组织的变化来决定的。大多数黑色金属类合金与铬基、镍基合金焊接可以形成混合合金。

（2）焊缝金属不能形成混合合金的焊接结构。

现代先进的动力设计结构的应用工况要求高且更加复杂，主要表现在结构承压比和燃压比都大幅度提高，需要引入导热性更好、承压程度更高、质地更轻的金属合金材料来满足产品的结构需求，如铜合金、铝合金、钛合金等。

这类材料与黑色金属合金类及铬基、镍基合金类进行熔化焊时，由于铜、铝、钛与黑色金属、镍等合金在物理和化学特性方面差异较大，在焊缝中是不能形成金属间化合物的，只能产生相元素金属键连接，两种金属在焊缝中不能产生混合熔融合金。在显微镜下，两种金属界面清晰，偶有部分微粒子在界面附近相互渗透，形成两种金属质点间的牢固连接。但由于两种金属的热缩比、导热性差异较大，易产生两种金属间结合界面的应力腐蚀、热裂纹及液化裂纹等。

9. 其他特殊结构

（1）工艺加工致焊接性变差结构。

由于典型金属材料复杂结构且温度突变的高压容器产品的各零部件组件应用工况的特殊需求，其相应的工艺加工方式内容广泛，涉及冷作加工、热加工、表面处理加工等方面，一些加工方式不可避免地会对各部件结构组织和性能产生一定的影响，如钣金加工中的冷作硬化，热加工中的晶粒长大、氢致脆化、层间氧化等，都会对施焊结构的焊接性产生较大影响。

这类结构需在后续的工艺加工中作出相应的处理，才能降低由于上述原因带来的对焊接接头有效连接的综合性能的影响，使之达到结构设计载荷的应用需求。

（2）结构与材料导热环境致焊接性变差结构。

由于典型金属材料复杂结构且温度突变的高压容器在应用过程中经常承受突变、交变载荷及高、低温度场的作用，其设计结构也会随之发生复杂变化。典型情况之一就是发动机的多型腔、多用途、多功能结构加工，仅靠机加工或其他铸造等手段难以完成，必然要使用焊接连接，才能满足整体结构需求。而在结构中，焊接接头的设置与位置选择是要经过科学分析和冗余优化设计的。

然而，有些结构因无法回避结构特性和工艺加工适应性的矛盾，故而设计人员只能在先保证设计结构的完整性、实用性的前提下，依靠工艺攻关来提升和保证整个产品结构的应用性能来满足实际工况使用需求。这就不可避免地带来由结构设计和装配的局部应力过大、结构材料差异性大所致的导热变化突出，产生熔合缺陷和产品可焊性变差的结构。

（3）使用（服役）环境致焊接性变差结构。

典型金属材料复杂结构且温度突变的高压容器产品在整个应用过程中，经历着多种多样的复杂工况与环境变换、交变载荷、高低温、侵蚀、金属改性等材料组织异化现象，包括可能产生的晶粒长大、晶间腐蚀、晶相开裂现象。金属表面受侵蚀后形成的富氧化合物使材料间金属键连接弱化，造成在后续使用维护过程中，施焊条件恶劣，不易达到结构技术性能要求状态的现象。以上现象都会导致使用环境致可焊性变差结构。

在产品使用过程中或在多个循环应用工况的联合作用下，由于使用环境导致其材料组织异化的现象，都会对产品焊接接头质量产生重大影响，需要从工艺角度严加防范和控制。

（4）超长密排焊缝结构。

现代典型金属材料复杂结构且温度突变的高压容器结构在提高性能、增加型号产品可靠性的同时，降低产品自身重量，采用多种组合加工成型工艺，其中包括气体保护钎焊、焊条电弧焊、真空钎焊、真空正压扩散焊、电子束焊接成型、激光焊接成型和 TIG 焊接成型技术。

近年来，薄壁 TIG 焊接由于结构轻、工艺加工性好和加工成本低、效率高的特点，被广泛应用于国内外各种典型金属材料复杂结构且温度突变的高压容器的制造工艺中。由于薄壁结构采用TIG顺序焊接，一些型号产品的焊缝与焊缝间隔仅为2~3mm，根据型号不同，排列长度在千米级上下不等。这种超长密排焊缝结构的焊接特点是，单位面积内热输入较大、应力大、变形大，必须从焊接基础、焊接材料和加工工艺角度去控制，才能达到较理想的焊接效果。

（5）空间桁架焊接结构。

很多结构采用空间桁架焊接结构，如火箭、飞机机架、桥梁、建筑结构等。选用高强度钢材料，其结构为强度高、质量轻的管类与方框及叉形架组合的焊接结构。

焊接时，在以下三个方面存在难度：由于结构特性的需求，薄壁桁架圆管与方框及叉形架连接部位结构紧凑，焊接可达性差，易产生应力集中；而高强钢材料（30CrMnSiA）的焊接性较差，焊接缺陷难以控制；桁架为杆系与框架相结合，结构复杂，空间位置的度不易掌控，因此需要使用大型工装夹具进行约束限制，方可保证产品空间位置度的有效性。

为了提高机架产品的应用效能，满足设计指标技术要求，需采用综合工艺加工控制措施，以改善该桁架结构的焊接性和桁架产品的适用性。

第四章

复杂结构手工焊接操作技法

某型号典型复杂结构且温度突变的高压容器产品在制造过程中涉及的手工焊缝繁多，本章以其典型部组件Ⅰ级焊缝为对象进行分析总结，涉及的接头形式有对接接头、搭接接头、端接接头、角接接头及复合接头。相关焊缝的具体信息如表4-1所示。

表4-1
相关焊缝信息表

手工焊缝代号	产品	焊接部位	材料	条数
1、2	涡轮盖	进气导管/盖板	1Cr18Ni9Ti/1Cr18Ni9Ti	2
3、4		喷嘴环/盖板	1Cr18Ni9Ti/1Cr18Ni9Ti	2
5		进气法兰/进气导管	1Cr18Ni9Ti/1Cr18Ni9Ti	1
6、7		启动法兰/进气导管	1Cr18Ni9Ti/1Cr18Ni9Ti	2
8		测压接管嘴/进气导管	1Cr18Ni9Ti/1Cr18Ni9Ti	1
9		测温接管嘴/进气导管	1Cr18Ni9Ti/1Cr18Ni9Ti	1

（续表）

手工焊缝代号	产品	焊接部位	材料	条数
10	燃气发生器	吹除接管嘴/进口五通	1Cr18Ni9Ti/1Cr18Ni9Ti	1
11		焊接接管嘴/盖板	1Cr18Ni9Ti/1Cr18Ni9Ti	1
12		焊接接管嘴/进口五通	1Cr18Ni9Ti/1Cr18Ni9Ti	1
13		头部/进口接管嘴	1Cr18Ni9Ti/1Cr18Ni9Ti	1
14、15	推力室	集合器/集合器	1Cr18Ni9Ti/1Cr18Ni9Ti	2
16		进口法兰/集合器	1Cr18Ni9Ti/1Cr18Ni9Ti	1
17		冷排接管嘴/集合器	1Cr18Ni9Ti/1Cr18Ni9Ti	1
18		二孔座/火药喷管	1Cr18Ni9Ti/1Cr18Ni9Ti	1
19		第三底/火药喷管	1Cr18Ni9Ti/1Cr18Ni9Ti	1
20		第三底/进口法兰	1Cr18Ni9Ti/1Cr18Ni9Ti	1
21		第三底/环	1Cr18Ni9Ti/1Cr18Ni9Ti	1
22		第三底/吹除三通	1Cr18Ni9Ti/1Cr18Ni9Ti	1
23		第三底/测振支座	1Cr18Ni9Ti/F151	1
24、25		第三底/测压接管嘴	1Cr18Ni9Ti/1Cr18Ni9Ti	2
26		第三底/测压接管嘴	1Cr18Ni9Ti/1Cr18Ni9Ti	1
27		头部/身部	1Cr18Ni9Ti/电铸镍	1
28		焊接接管嘴/搭接环	1Cr18Ni9Ti/1Cr18Ni9Ti	1
29		伺服能源接管嘴/搭接环	1Cr18Ni9Ti/1Cr18Ni9Ti	1
30		测温接管嘴/搭接环	1Cr18Ni9Ti/1Cr18Ni9Ti	1
31~36		头部/上支座	1Cr18Ni9Ti/1Cr18Ni9Ti	6
37		搭接环/搭接环	1Cr18Ni9Ti/1Cr18Ni9Ti	1

为表述方便，按说明顺序，对37条焊缝按表4-1进行了编号，焊接过程操作技法详见下文。

第一节

涡轮盖

一、 目标焊缝1～4#

1. 接头结构分析

涡轮盖进气导管/盖板、喷嘴环/盖板焊缝承受高温、高压燃气等恶劣工况作用，焊接可达性较好，就结构而言，形式较为复杂，喷嘴环与盖板之间为角接焊缝（T形接头），进气导管与盖板之间为对接焊缝（外角接接头），且存在三条焊缝交汇处（进气导管/盖板、喷嘴环/盖板、进气导管/喷嘴环）。

2. 接头间隙控制

盖板及导管待焊接部位为机加工成型，本身配合精度较高。因此，盖板与进气导管及喷嘴环贴严即可，间隙测量应不超过0.5mm，整体装配符合图纸要求。

3. 焊枪角度控制

用手工氩弧焊封底时，焊枪横向对称，纵向倾角以85°为宜，尽量使焊枪处于垂直状态，以增加熔深。焊条电弧焊

a. 1~4#焊缝位置

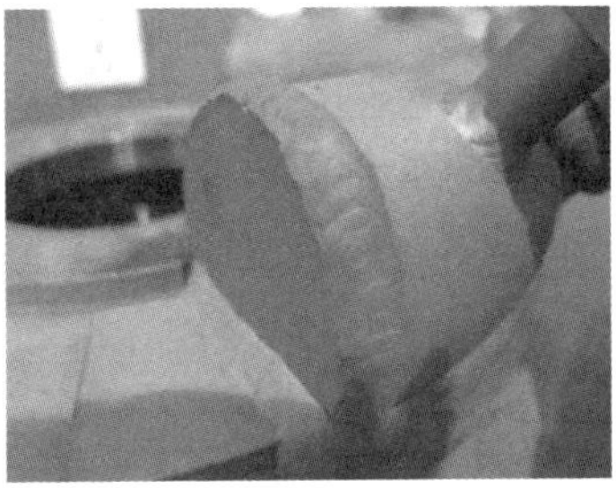

b. 1#、2#焊缝形貌

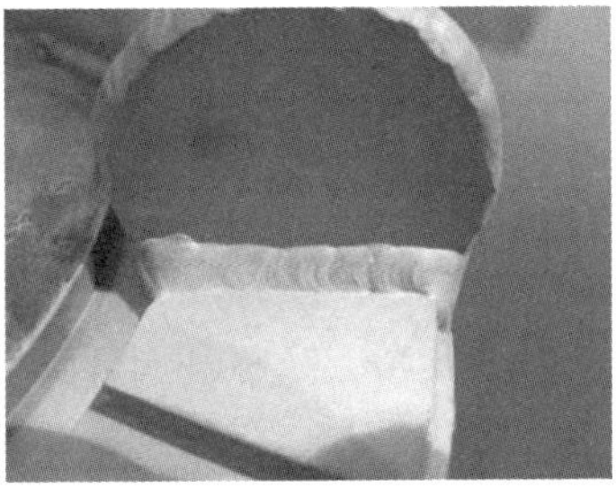

c. 3#、4#焊缝形貌

图 4-1
1~4#目标焊缝在产品上的位置及形貌

盖面时，注意及时调整焊条角度。

4. 焊接参数限定

为保证熔深，先进行不加丝熔融封底焊接操作，在氩弧焊电弧作用下，控制对接焊缝根部和角接焊缝顶角部位焊透问题。焊接参数如表 4-2 所示。

表 4-2
焊接参数表

焊接类别	焊接方法	焊材牌号	焊材直径（mm）	焊接电流（A）	气体流量（L/min）	
					焊接	背保护
封底焊	氩弧焊	H00Cr21Ni10	1.6	80~120	8~10	4~6
盖面焊	焊条电弧焊	E0-19-10-16	2.5	70~90	/	

5. 熔池状态观察

封底焊保证对接焊缝根部和角接焊缝顶角部位充分熔融，必要时，电弧可有一定的滞留时间。在电弧明弧作用下，应观察封底层焊缝的熔融状态，以防止层间未熔合。

6. 操作技法

封底采用上坡焊，前后拖动运调方式，以增加焊缝的熔深，操作中注意及时通过变位机调整产品待焊姿态，以保证焊接熔融过程始终处于向上爬坡姿态，利于增加熔深和保证焊接质量。盖面焊时，应重点关注并控制好起收弧点，避免未熔合或未填满。

7. 特殊提示

注意结构变化，圆弧段为锁底角对接焊缝，直线段为角接焊缝，三条焊缝交汇处在焊接时一定要充分熔融，以避免在此处发生泄漏。

二、 目标焊缝 5 ~ 7#

1. 接头结构分析

氢涡轮盖承受高温、高压燃气等恶劣工况，其进气法兰/进气导管、启动法兰/进气导管的焊缝非常关键，如图 4-2 所示。该结构为插接结构，焊缝为带锁底的对接焊缝，可达性差，存在变角度、操作位置变化多、接头结构形式变化快、变形控制要求严等特点。

2. 接头间隙控制

控制焊接坡口和间隙，焊接坡口控制在 70°±30′，焊接间隙为 0.5~1.5mm。

3. 焊枪角度控制

横向对称，纵向焊枪倾角为 70°~85°。考虑零件干涉的影响，允许横向倾斜 20°左右。

4. 焊接参数限定

为保证充分熔透，先进行手氩焊封底操作，根据要求在氩弧焊明弧操作下，控制钝边熔融和熔深。焊接参数如表 4-3 所示。

为避免焊缝因局部装配间隙过大产生较大焊漏渣化，影响燃料的流阻，焊接过程中在内腔通氩气保护，以进一步控制焊接质量。

a. 5～7#焊缝位置

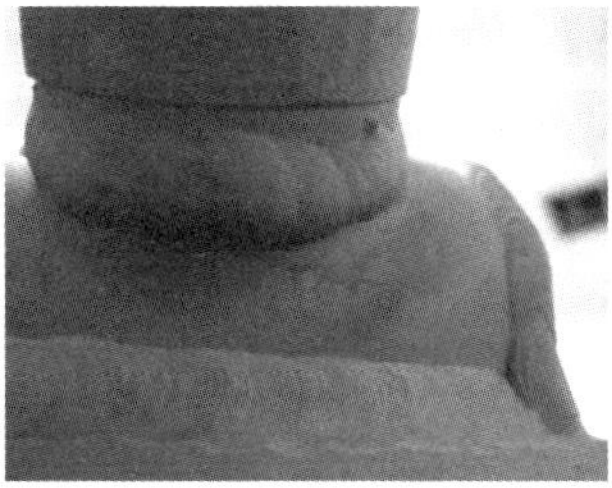
b. 5#焊缝形貌

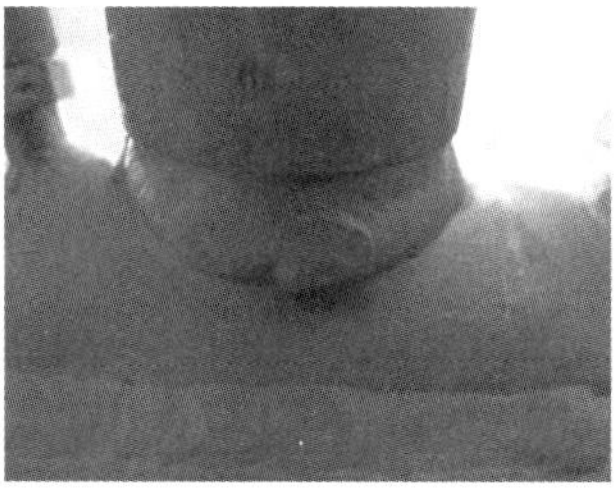
c. 6#、7#焊缝形貌

图 4-2
5～7#焊缝在产品上的位置及形貌

表 4-3
焊接参数表

焊接类别	焊接方法	焊材牌号	焊材直径（mm）	焊接电流（A）	气体流量（L/min）	
					焊接	背保护
封底焊	氩弧焊	H00Cr21Ni10	1.6	80～110	8～10	4～6
盖面焊	焊条电弧焊	E0-19-10-16	2.5	70～90	/	

5. 熔池状态观察

氩弧焊封底焊时，应保证锁底阴角部位和钝边充分熔融，如图 4-3 所示。焊条电弧焊盖面焊时，需能观察到封底层的充分熔融，避免层间未熔合。

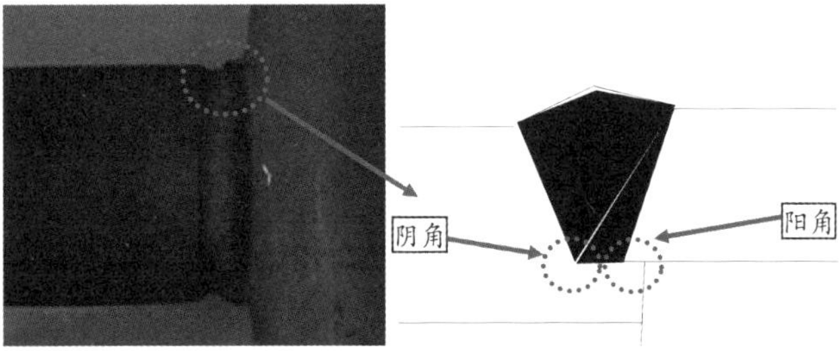

图 4-3
法兰与进气导管焊缝锁底结构

6. 操作手法要求

为防止工装卸掉后焊接接头产生的弹性变形影响产品形位尺寸，焊接接头应分四段对称焊，并始终在工装装夹的情况下施焊，待焊缝充分冷却后再拆卸工装。

7. 特殊提示

封底焊时要注意焊漏控制；盖面焊时要注意控制咬边等焊接缺陷。

三、 目标焊缝 8 ~ 9#

1. 接头结构分析

测压接管嘴、测温接管嘴与进气导管连接，工作状态依然承受高温和高压作用，结构为插接结构，焊缝属于角接焊缝，可达性差、接管嘴曲率小、操作位置变化快、质量要求高，需满足I级焊接接头质量要求，属于难操作接头。

a. 8#、9#焊缝位置

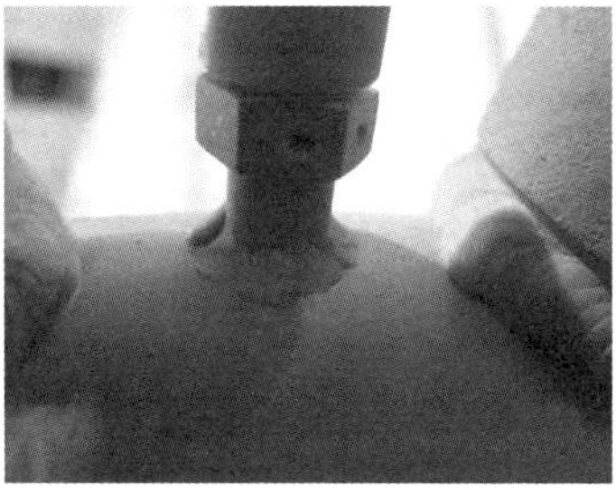

b. 8#焊缝形貌

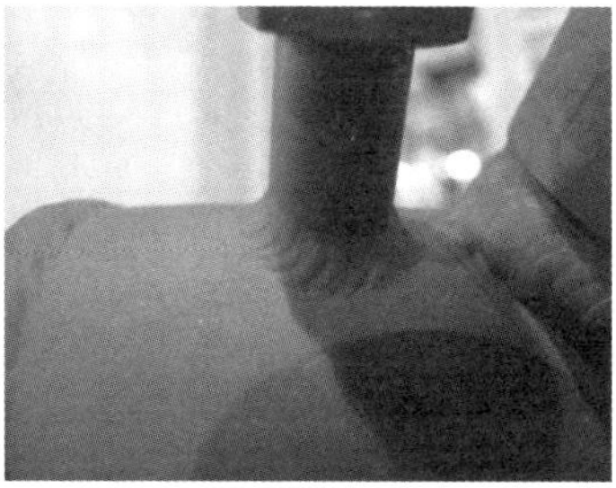

c. 9#焊缝形貌

图 4-4
8#、9#焊缝在产品上的位置及形貌

2. 接头间隙控制

此焊接接头由于接管嘴曲率小、质量要求高，又存在接管嘴与进气导管小范围的相贯装配连接，如图 4-5 所示，在连接部位存在两处贴实、两处空隙的情况。实际操作中应保证空隙部位间隙均匀一致，其他部位贴实即可。

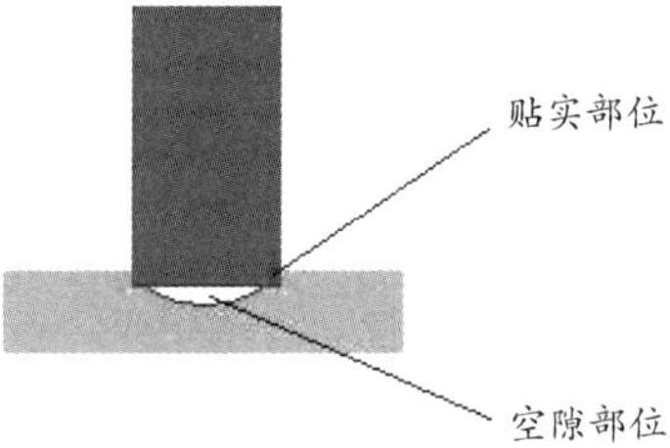

图 4-5
接管嘴与进气导管装配截面

3. 焊枪角度控制

横向对称，纵向焊枪倾角为 70°左右。

4. 焊接参数限定

因为是角接焊缝结构，为了保证焊缝熔深和顶角焊透，先进行不加丝封底焊操作。为避免焊漏，应控制好焊接熔融过程，做到均匀一致。盖面时，注意焊缝底部充分熔融，避免产生层间未熔合。焊接参数如表 4-4 所示。

表 4-4
焊接参数表

焊接方法	焊材牌号	焊材直径（mm）	焊接电流（A）	气体流量（L/min）	
				焊接	背保护
氩弧焊	H00Cr21Ni10	1.6	75～90	8～10	4～6

5. 熔池状态观察

压低电弧，保证角接焊缝顶角部位充分熔融，且不产生“搭桥”现象。

6. 操作手法要求

此焊缝虽然没有严格的形位尺寸要求，但也要注意适当控制变形，应在相贯装配贴实部位起收弧（即为两段焊的接合点），分两层施焊。因该部位焊接可达性较差，注意控制焊枪角度，以免产生咬边。

7. 特殊提示

因两个接管嘴零件较小，易导致热量集中，因此在焊接中，注意控制层间焊缝的冷却时间和每段焊缝起收弧的冷却时间，且控制盖面焊接电流在规范范围内适当小于封底焊电流规范数值，以利于控制焊缝质量和外观成型。

第二节

燃气发生器

一、目标焊缝 10 ~ 12#

1. 接头结构分析

燃气发生器头部的三个接管嘴功能不同，但结构均为插接结构，都承受低温、高压作用。焊缝形式均为角接焊缝，焊缝曲率大，操作位置变化快，焊接质量要求高，且集中在燃气发生器头部的关键结构上（易受焊接热输入影响），必须认真对待每一个细节。

a. 10～12#焊缝位置

b. 10#焊缝形貌

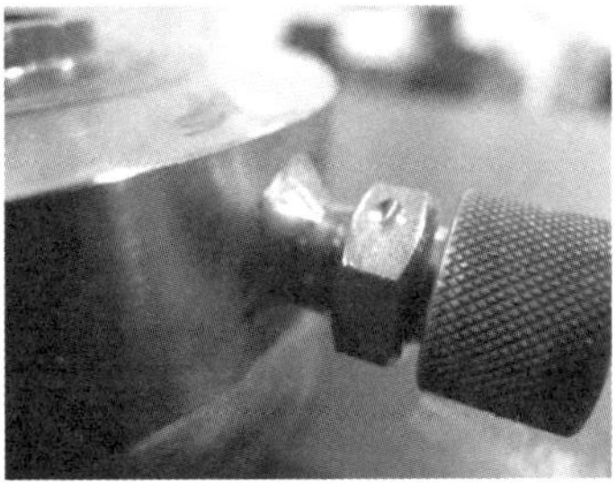

c. 11#焊缝形貌

d. 12#焊缝形貌

图 4-6

10～12#焊缝在产品上的位置及形貌

2. 接头间隙控制

此三个焊接接管嘴都是角接结构，除焊接接管嘴/盖板存在稍许相贯间隙外，其他两个接头装配时贴实即可，相贯接头要注意调整两侧的间隙，保证均匀。

3. 焊枪角度控制

由于这三个接管嘴的开敞性较好，因此可采用标准角度控制，即横向对称，纵向倾角为70°~85°。

4. 焊接参数限定

此三个焊接接管嘴为角接焊缝，为保证焊缝熔深和结构顶角结合部位焊透，先进行不加丝封底焊操作。因接管嘴直径小、曲率大，在焊接过程中要时时调整，注意操作过程中随时调控焊枪角度，保证焊接质量。焊接参数如表4-5所示。

表4-5
焊接参数表

焊缝序号	焊接方法	焊材牌号	焊材直径（mm）	焊接电流（A）	气体流量（L/min）	
					焊接	背保护
10	氩弧焊	H00Cr21Ni10	1.6	80~100	8~10	4~6
11	氩弧焊	H00Cr21Ni10	1.6	80~100	8~10	4~6
12	氩弧焊	H00Cr21Ni10	1.6	75~95	8~10	4~6

5. 熔池状态观察

因头部结构复杂，实际使用时工况恶劣，焊接时应压低电弧，确保顶角焊透，第二层盖面焊时，在避免层间未熔合情况下，保持熔池饱满。

6. 操作手法要求

在焊接操作时采用分两层焊接（封底和盖面），应在相贯装配的贴实部位进行起收弧操作，避免接管嘴出现位置度偏差。

7. 特殊提示

因头部结构复杂，对焊接热输入和变形比较敏感，易影响头部液流数据，所以焊接时一定要注意层间温度的控制和冷却。

一般情况下，封底焊完成待充分冷却后，再焊第二道焊缝，应严格保护接管嘴螺纹和密封面不被碰伤和被电弧打伤，焊接时应选用钢堵帽进行接管嘴螺纹保护。

二、目标焊缝13#

1. 接头结构分析

此接管嘴为内圆外方结构，三面角接焊缝（T形接头），一面角对接焊缝（端接接头），承受低温、高压工况。由于是方形结构，存在四个拐角接点，所以操作时应严格控制拐点搭接处以及焊接接头质量。

2. 接头间隙控制

由于此接管嘴对位置度、同轴度要求较高，焊接定位

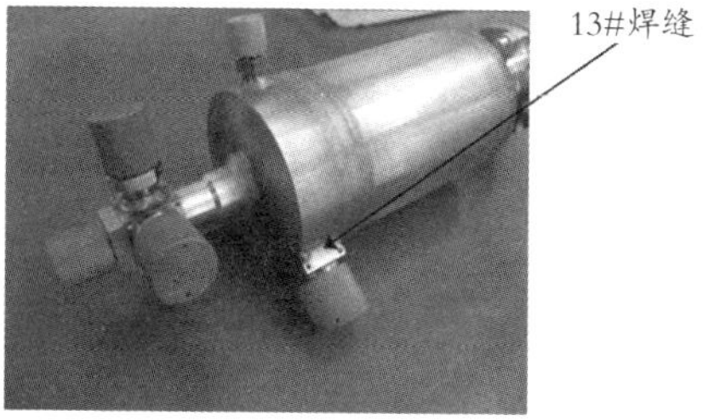

a.13＃焊缝位置

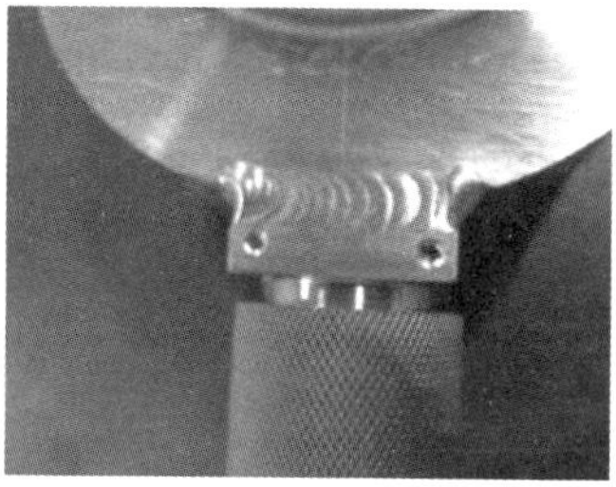

b.13＃焊缝形貌（俯视）

c.13＃焊缝形貌（侧视）

图 4-7
13#焊缝在产品上的位置及焊缝形貌

时，需在工装上进行相应操作，其中有一个面为端接结构，还需进行 2mm 左右的开坡口处理。

由于此接管嘴装配焊接时要跨过一道头部盖板焊缝，所以还需把盖板焊缝处打磨得与基材面齐平，才能保证氢进口管嘴贴实。定位时，采用对称定位点固，并进行校正，以进一步保证接管嘴位置度要求。

3. 焊枪角度控制

由于此接管嘴焊接开敞性和可达性较好，可采用标准角度控制，即横向对称，纵向倾角为70°~85°。

4. 焊接参数限定

因该接管嘴结构特殊，内圆外方，结构三面为角接焊缝，一面为端接焊缝，为保证合理熔深，可按照封底和盖面两层焊接操作方法进行焊接。焊接参数如表4-6所示。

表4-6
焊接参数表

焊接方法	焊材牌号	焊材直径（mm）	焊接电流（A）	气体流量（L/min）	
				焊接	背保护
氩弧焊	H00Cr21Ni10	1.6	75~95	8~10	4~6

5. 熔池状态观察

由于此接管嘴结构较特殊，所以除了观察角接焊缝、对接焊缝的熔池状态，还需特别注意观察四个拐角处的熔池状态，保证拐角接缝处充分熔融。

6. 操作手法要求

此接管嘴焊缝有严格的位置度和定心要求，需在工装定心销上定位后再进行施焊。定位时，应点接牢固（定位四点），分两层焊接（打底和盖面）。

7. 特殊提示

因为接管嘴为方形结构，焊接应严格控制拐角焊接处的搭接量，一般搭接量应控制在3~5mm。端接焊缝应相对平整，不宜过高。

第三节

推力室

一、 目标焊缝14~15#

1. 接头结构分析

集合器是承担整个推力室身部冷却和燃烧产生推力的关键结构零件。该焊接接头为管管对接结构，是I级焊接接头，存在变角度、变位置、变形要求严，且需X光透照等特点，焊接过程要求严格。该焊接接头属于操作过程困难且难以控制的焊接接头。

2. 接头间隙控制

此焊接接头为标准对接结构，可按规范工序顺序要求操作。为防止变形，应保证对接间隙均匀一致，按规范执行。

3. 焊枪角度控制

因该结构开敞度好，可采用标准操作工艺，即横向对称，纵向焊枪倾角为70°~85°。

a.14＃焊缝位置及形貌

b.15＃焊缝位置及形貌

图 4-8
14~15#焊缝在产品上的位置及形貌

4. 焊接参数限定

为保证合理熔深和良好的背面焊缝成型，应在结构内腔进行通气保护，在氩弧焊明弧作用下，控制好熔深。焊缝背面高度应控制在标准范围内，以免影响流阻。

5. 熔池状态观察

在保证焊缝根部充分熔融的情况下，熔池有稍许下沉即可。

6. 操作手法要求

为保证零件尺寸，在焊接可视性、可达性允许的情况下，该结构应始终保证夹持在工装上进行施焊，采用以最小或最大内外径（即结构 9 点或 3 点位置）处起弧，爬坡向管中线施焊方式对称施焊，以减少变形。待零件充分冷却后，才可卸掉工装。

7. 特殊提示

焊缝接头引弧处应搭接 5mm 以上进行施焊操作，收弧时也应搭接施焊 8mm 以后方可进行焊接电流衰减操作。

二、 目标焊缝 16#

1. 接头结构分析

进口法兰/集合器焊接接头为承担着整个推力室身部冷却和燃烧产生推力的关键连接装置。该焊接接头属于管管相贯焊缝，存在变角度、变厚度、操作位置变化多、接头结构形式变化快、变形要求严的特点。除需满足 I 级接头内外部质量要求，其法兰变形角度应控制在 55°±20′以内，该焊接接头属于操作过程复杂且难以控制的焊接接头。

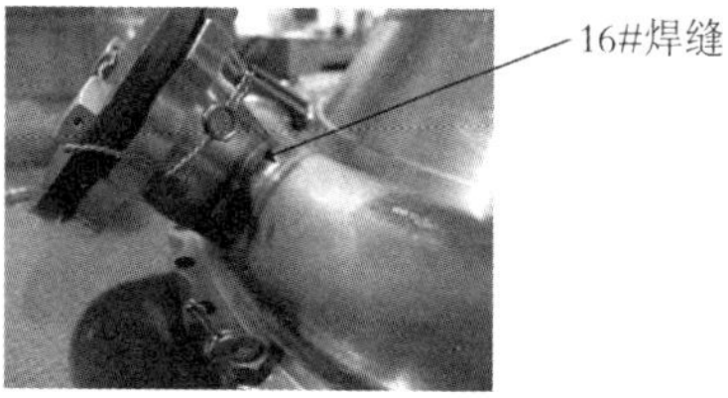

a. 16#焊缝位置

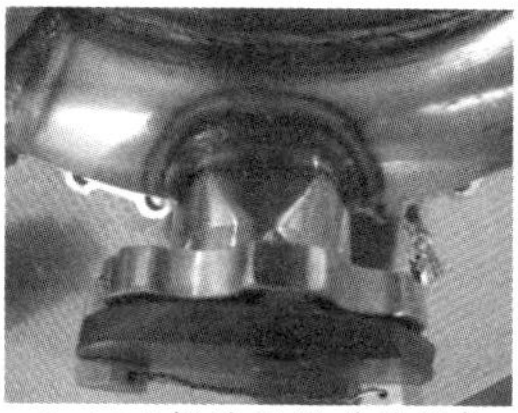

b. 16#焊缝形貌（俯视）

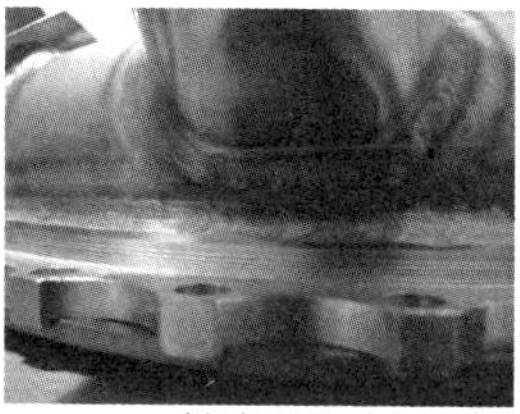

c. 16#焊缝形貌（仰视）

图 4-9

16#焊缝在产品上的位置及形貌

2. 接头间隙控制

此焊接接头因存在较大的结构和操作梯度变化，因此应严格控制焊接接头装配间隙，法兰与集合器装配间隙≤0.5mm。

3. 焊枪角度控制

横向对称，纵向焊枪倾角为70°～85°。

4. 焊接参数限定

为保证合理的熔深，同时避免焊缝背面产生焊漏等缺陷，先进行不加丝焊缝封底操作，根据要求在氩弧焊明弧操作下，控制钝边熔融和熔深。焊接参数如表4-7所示。

为避免焊缝因局部装配间隙过大产生较大焊漏渣化，影响燃料的流阻，在焊接接头内进行内腔氩气保护，以进一步控制焊接质量。

表4-7
焊接参数表

焊缝部位	焊丝牌号	焊丝直径（mm）	焊接电流（A）	气体流量（L/min）	
				焊接	背保护
进口法兰/集合器	H00Cr21Ni10	1.6	90～110	8～12	4～6

5. 熔池状态观察

保证顶角部位充分熔融。

6. 操作手法要求

为防止工装卸掉后焊接接头产生弹性变形，导致该焊接接头的位置度超差，还需进行严格的焊接顺序控制：先焊接左右两侧，焊接各四分之一，再焊上边的四分之一，如图4-10所示。由于最下边四分之一焊缝焊接可达性较差，待该接头焊接冷却后，卸掉工装，去除工装的遮挡后，再进行施焊。

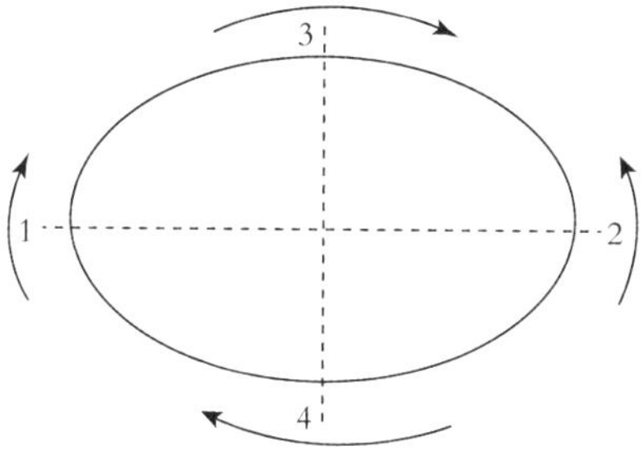

图 4-10
焊缝施焊顺序

7. 特殊提示

注意接头结构变化，1、2 段为角接焊缝，3、4 段为搭接焊缝，拐角处应及时调整焊接参数（搭接处电流小于角接处电流）。

三、 目标焊缝17#

1. 接头结构分析

冷排接管嘴/集合器与发动机上类似结构相近，特点相同，都具有承受低温、高压工作状态的特点。由于是在推力室的主要混合燃烧部位，因此存在较大振动，所以焊缝除了需要满足其他接管嘴类焊缝的要求，还需提高此结构接管嘴的抗疲劳能力。

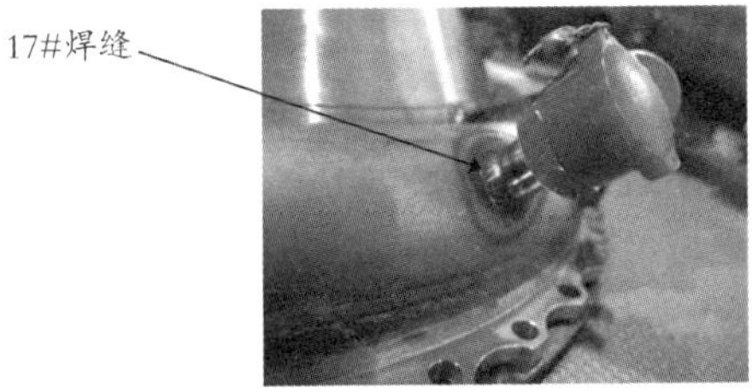

图 4-11
17#焊缝在产品上的位置及形貌

2. 接头间隙控制

依然要求满足相贯部位空隙处的间隙对称均匀。

3. 焊枪角度控制

因焊接开敞性较好，采用标准焊枪角度控制即可，即横向对称，纵向焊枪角度为70°~85°。

4. 焊接参数限定

因该结构也具有管管相贯焊缝特征，为保证结构顶角焊透，先进行不加丝封底焊操作，控制好熔融过程的平稳性，保证焊缝熔深的均匀一致。盖面时，除避免产生未熔合现象，还要保证角焊缝形状内凹圆滑过渡（盖面焊缝），以增加焊缝的抗疲劳系数。焊接参数如表 4-8 所示。

表 4-8
焊接参数表

焊缝部位	焊丝牌号	焊丝直径（mm）	焊接电流（A）	气体流量（L/min）
冷排管嘴/集合器	H00Cr21Ni10	1.6	80~110	8~12

5. 熔池状态观察

除压低电弧保证焊缝顶角部位充分熔融，盖面焊时要注意熔池两边熔合线区域以及熔融金属的浸润和平滑过渡。

6. 操作手法要求

因该焊缝对焊缝外观成型有一定的要求（抗疲劳），所以对操作手法也有一定要求。可分两层施焊，盖面时应小幅度上下拖动，并通过添加丝来保证焊缝外观成内凹型。

7. 特殊提示

此焊接接头对焊缝外观成型有特殊要求，盖面时应小规范操作，大规范操作很难保证良好的外观成型。

四、 目标焊缝18#

1. 接头结构分析

此结构为锁底对接焊接接头，因二孔座上要安装点火器，与承力锥之间存在配合关系，因此对该结构要求保证协调位置（用引出返回线保证其位置）。启动时，点火装置属于关键承力焊缝。

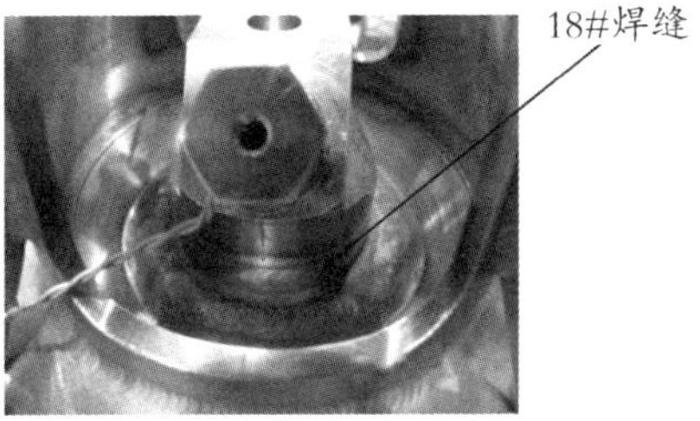

图 4-12
18#焊缝在产品上的位置及形貌

2. 接头间隙控制

此焊接接头是关键焊缝，对装配质量控制要求严，因此该接头设计为锁底对接焊缝，排补会影响结构中心点协调位置控制，因此要保证一次合格。这就需要预留合理的锁底间隙，一般在 0.8mm 左右。

3. 焊枪角度控制

此焊缝焊接时，开敞性较好，但焊接接头结构平面较小，适宜熔深大，焊缝窄的焊缝形状系数，因此应采用上爬坡焊接方式，焊枪倾角以85°左右为宜。

4. 焊接参数限定

因该锁底焊缝为插接顶实预留间隙焊缝，所以一般情况下，间隙可保证一致。依然采用分两层焊接，封底一层，盖面一层。封底时，确保两个顶角部位充分熔融，盖面时焊接参数应略小于封底参数，焊缝背面不用充气保护。焊接参数如表4-9所示。

表4-9
焊接参数表

焊缝部位	焊丝牌号	焊丝直径（mm）	焊接电流（A）	气体流量（L/min）
二孔座/火药喷管	H00Cr21Ni10	1.6	90~105	8~12

5. 熔池状态观察

保证顶角部位充分熔融，熔池熔融金属有向后流动的感觉。

6. 操作手法要求

该焊缝因对零件位置度要求较高且无工装保证，因此为防止焊接变形，应严格控制焊接顺序，封底和盖面均采用周向四分之一对称焊接。

7. 特殊提示

焊接时，第一起焊位置应在二孔座的螺纹孔处，以进一步保证二孔座与承力锥的相关位置度。

五、 目标焊缝19#

1. 接头结构分析

该焊缝为头部关键焊接，工作时工况恶劣，对焊接质量要求高，且因该焊缝焊接对头部喷嘴间隙影响较大，焊接时应严格控制焊接热输入，以减小变形。同时，因该焊缝为头部结构上最后一道施焊焊缝，焊接可视性与可达性均较差，因此该焊接接头属于操作过程复杂且难以控制的焊接接头。

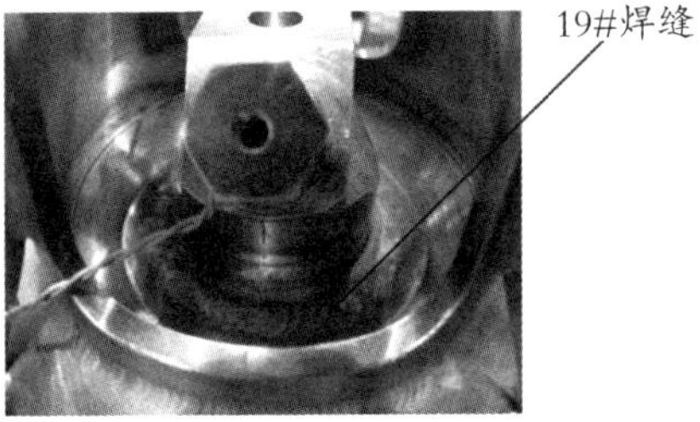

图 4-13
19#焊缝在产品上的位置及形貌

2. 接头间隙控制

此焊接接头因其结构位置特点，对头部产品质量影响较大，应严格控制其焊接间隙，以径向 0.8mm 左右、轴向 0.3mm 左右为宜（预留反变形空间）。

3. 焊枪角度控制

选用小直径焊枪喷嘴，随产品位置空间进行操作，角度一般保持在 85°~95°。

4. 焊接参数限定

该结构为锁底焊缝，在保证一定焊接间隙的情况下，运用电弧热量控制好焊接接头的钝边部位充分熔融。依然采用封底和盖面分两层施焊，且第一层封底焊接为不加丝封底焊。焊接参数如表 4-10 所示。

表 4-10
焊接参数表

焊缝部位	焊丝牌号	焊丝直径（mm）	焊接电流（A）	气体流量（L/min）
第三底/火药喷管	H00Cr21Ni10	1.6	90~105	8~12

5. 熔池状态观察

在接头间隙和电弧热量联合作用下，保证焊接接头钝边和锁底阴角部位的充分熔融。

6. 操作手法要求

为防止焊接变形过大影响头部喷嘴间隙，同时又要保证焊接接头质量，需通过分层施焊来控制热输入，采用对称焊接每段四分之一封底以及盖面焊接的方式，第一层采用不加丝封底焊方式。

7. 特殊提示

因该焊接接头对焊接变形控制要求较高，因此分层焊接时，第一层封底焊完成后，应充分冷却至室温，再进行第二层焊接。采用改装焊枪施焊，保证焊接可达性。

六、 目标焊缝20#

1. 接头结构分析

该焊缝为推力室头部关键焊缝，是推力室产生催化燃烧的关键连接装置。该焊缝对变形控制要求高，需在焊接工装上进行施焊，可达性较差，其法兰角度应控制在30°以内。该焊接属于难操作接头。

2. 接头间隙控制

此焊接接头因对形位尺寸要求较严，因此必须严格控制焊接接头装配间隙和焊接变形，按规范要求操作。

3. 焊枪角度控制

在焊接位置允许情况下，横向对称，焊枪纵向倾角为70°~85°。

4. 焊接参数限定

因该焊接接头为角接结构，为保证焊接接头质量，先进行不加丝封底焊接操作。在明弧控制下，确保零件焊接接头部位的顶角充分熔融，来保证Ⅰ级焊接接头要求。焊接参数如表 4-11 所示。

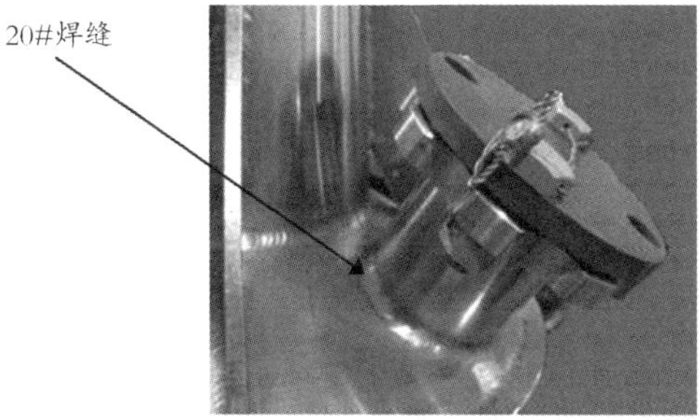

a. 20#焊缝位置

b. 20#焊缝形貌（正视）

c. 20#焊缝形貌（俯视）

图 4-14
20#焊缝在产品上的位置及形貌

表 4-11
焊接参数表

焊缝部位	焊丝牌号	焊丝直径（mm）	焊接电流（A）	气体流量（L/min）
第三底/进口法兰	H00Cr21Ni10	1.6	70~90	8~12

5. 熔池状态观察

保证顶角部位充分熔融。

6. 操作手法要求

为防止焊接接头变形影响该焊接接头的形位公差，需全程在焊接工装上进行施焊。为进一步消除焊接接头弹性变形的影响，还需进行焊接顺序控制，以保证该接头形位尺寸满足设计要求。

7. 特殊提示

焊接完成后，此法兰有一测量工装，应根据以往经验，判定其变形趋势，从而选择起焊位置。

七、 目标焊缝21#

1. 接头结构分析

该结构为推力室头部最主要的承力焊接接头，是用来保证头部型腔工作的，是接头长度最长、形状特殊、质量要求高的关键焊接接头，属于Ⅰ级焊缝焊接接头。该焊接接头应为角对接结构，属于操作过程难以控制的焊接接头。

2. 接头间隙控制

此焊接接头有角对接结构特点，又兼有锁底对接结构形式，接头形状较特殊，接头间隙及坡口控制见“操作手法要求”。

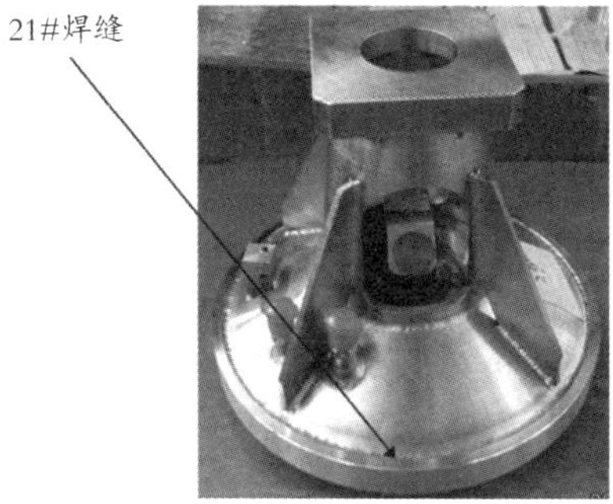

a. 21#焊缝位置

b. 21#焊缝形貌（一侧）

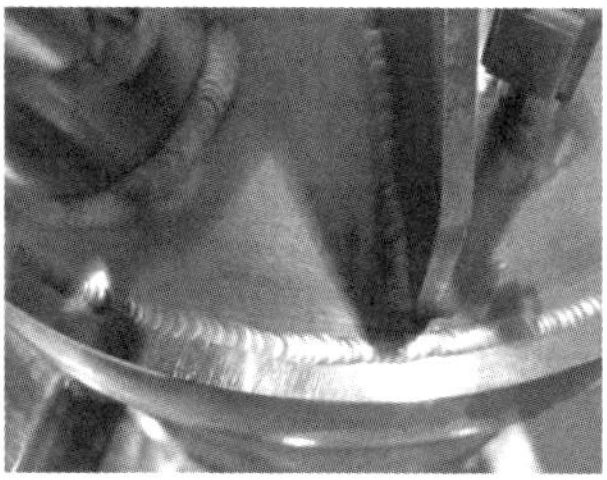

c. 21#焊缝形貌（另一侧）

图 4-15
21#焊缝在产品上的位置及形貌

3. 焊枪角度控制

为获得深而窄的熔深，要横向对称，尽量使焊枪处于垂直状态。

4. 焊接参数限定

因该焊接接头结构较为特殊，所以必须进行适当的操作控制才能获得良好效果。选用适当参数规范的中下限，以防止焊接热输入过大，产生较大变形，影响头部喷嘴间隙。分两层焊接，采用加丝封底焊（间隙较大）和盖面施焊。焊接参数如表 4-12 所示。

表 4-12
焊接参数表

焊缝部位	焊丝牌号	焊丝直径（mm）	焊接电流（A）	气体流量（L/min）
第三底/环	H00Cr21Ni10	1.6	120~140	8~12

5. 熔池状态观察

保证焊缝根部充分熔融。

6. 操作手法要求

为防止一底面板的平面度和头部喷嘴间隙超差，全过程必须在焊接预夹紧工装上进行施焊，焊接顺序如图 4-16 所示。前提是在测量对应承力锥高度值差后，确定起焊位置，依然是分成四分之一对称焊接，第一层焊接完成后，待充分冷却后再进行第二层施焊（对称焊接）。

7. 特殊提示

在焊接接头充分熔融的前提下，尽量提高焊接速度，减小热输入。对每一层施焊时，都需测量承力锥处与第三底/环对应的差值，确定起焊位置。

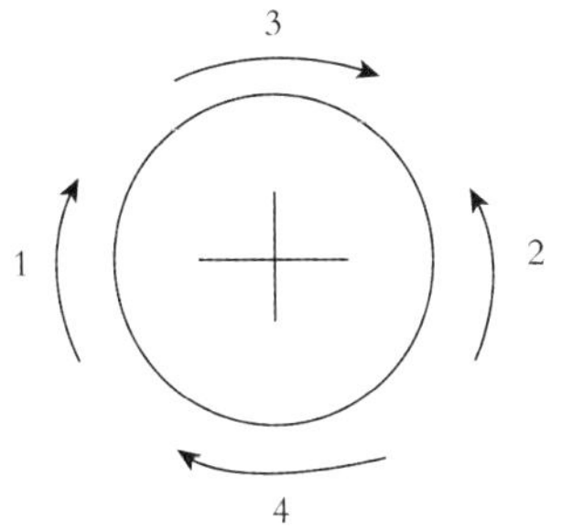

图 4-16
21#焊缝施焊顺序

八、 目标焊缝22#

1. 接头结构分析

此焊接接头为推力室头部重要焊接接头，与头部二孔座侧平面成90°角，与头部轴线方向平行，与头部三底成一定角度焊接，操作位置狭窄，为I级焊缝。该焊接接头属于操作过程复杂且难以控制的焊接接头。

2. 接头间隙控制

因该接头与头部三底接触面较小，按图纸规范要求，保证相关位置度即可，对间隙不作严格规定。

3. 焊枪角度控制

因该接头焊接可达性较差，以能保证焊接质量为准，对焊枪角度没有特别要求。

图 4-17
22#焊缝在产品上的位置及形貌

4. 焊接参数限定

为保证合理熔深，依然进行不加丝封底焊和加丝盖面焊操作，以控制接头顶角充分熔融，焊接参数如表 4-13 所示。

表 4-13
焊接参数表

焊缝部位	焊丝牌号	焊丝直径（mm）	焊接电流（A）	气体流量（L/min）
第三底/吹除三通	H00Cr21Ni10	1.6	80~90	8~12

5. 熔池状态观察

保证顶角充分熔融，保证盖面层间充分熔融，特别要确保在接管嘴与头部三底之间的夹角呈小角度焊接时，避免层间未熔合现象。

6. 操作手法要求

分两层顺序施焊，从焊接可达性最差的上拐点处（即接头可达性极限点处）起焊，因为是斜切接头（接管嘴与头部第三底成一定角度），所以注意熔融变化的同时，随时调整焊接速度和焊枪角度，以使得焊缝成型良好。

7. 特殊提示

因焊接可达性较差，所以要注意接管嘴螺纹处不要发生电弧打伤（用铝合金堵盖进行保护），注意接管嘴与头部第三底之间的角度变化，必要时作出调整。

九、目标焊缝23#

1. 接头结构分析

该接头是为推力室头部连接测振传感器专门设计的支座，为增加螺纹连接强度，选用F151材料（马氏体不锈钢），有装配位置要求，一般靠划线保证其空间位置即可。

2. 接头间隙控制

该零件与第三底之间存在平面与弧面相切的装配间隙，焊接装配时，应注意左右间隙的均匀性。

3. 焊枪角度控制

横向对称，纵向焊枪倾角70°~85°。

4. 焊接参数限定

此接头为实心支座，理论上不存在焊漏烧穿等问题，因

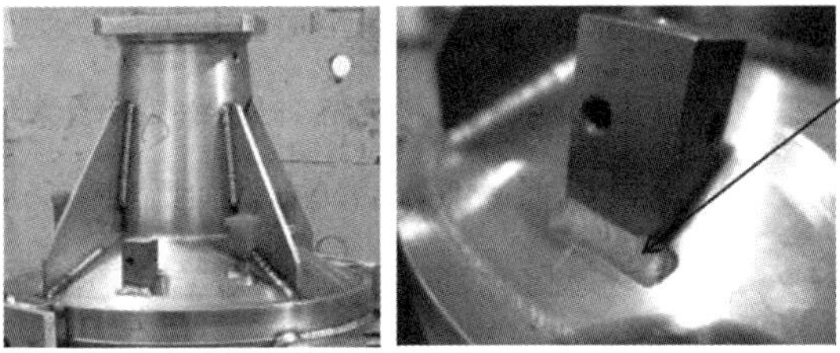

a. 23＃焊缝位置　　b. 23＃焊缝形貌

图 4-18
23#焊缝在产品上的位置及形貌

此可一次焊接成型，不用分层焊接，但也要保证顶角部位充分熔融。焊接参数如表 4-14 所示。

表 4-14
焊接参数表

焊缝部位	焊丝牌号	焊丝直径（mm）	焊接电流（A）	气体流量（L/min）
第三底/测振支座	H00Cr21Ni10	1.6	90~110	8~12

5. 熔池状态观察

保证顶角部位充分熔化，保证填充金属熔池的饱满。

6. 操作手法要求

焊接时，为避免产生较大变形，应先焊接上边一道焊缝，再焊接下边一道焊缝（方便操作），这样可有效地保证支座与水平基面的垂直。因该接头是 F151 与 1Cr18Ni9Ti 材料焊接，所以应注意应力裂纹倾向，一般应保证添加丝成分在熔池中的含量超过85%（多熔点丝）。

十、目标焊缝24～26#

1. 接头结构分析

这三个接管嘴在头部引出管上，且在引出管上焊接转接管嘴以作为过渡连接接头。因此，要保证两个重叠接头的焊缝质量，就应控制好每一道焊缝的焊接质量，以保证在重复熔融时不产生接头失效现象。

a. 24～26#焊缝位置（25#焊缝在背面侧部，正面无法体现）

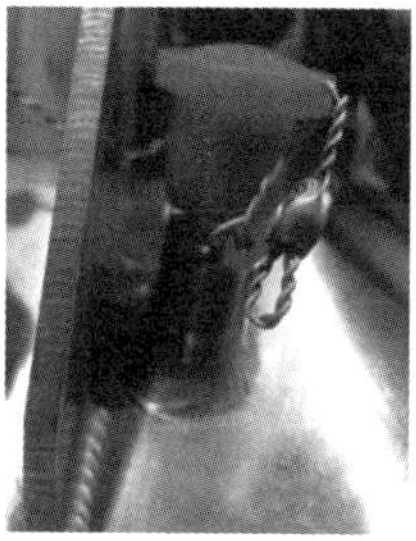

b. 24#焊缝形貌

c. 25#焊缝形貌

d. 26#焊缝形貌

图4-19
24～26#焊缝在产品上的位置及形貌

2. 接头间隙控制

此接头是在引出管的焊接接头上焊接转接管嘴，因此存在较大焊接间隙，只能保证转换接管嘴内角贴严，外角间隙待焊接时予以弥补。

3. 焊枪角度控制

该接头因与头部加强筋之间存在一定的干扰，使焊接可达性变差，焊接时焊枪角度以保证接头焊接质量为准，不做特别要求。

4. 焊接参数设定

因该接头存在较大间隙，可进行添加丝封底焊和盖面焊两层焊接操作。注意焊接参数与焊接速度的协调，不能有烧穿、烧豁现象出现。焊接参数如表 4-15 所示。

表 4-15
焊接参数表

焊缝部位	焊丝牌号	焊丝直径（mm）	焊接电流（A）	气体流量（L/min）
第三底/侧压接管嘴	H00Cr21Ni10	1.6	70~85	8~12

5. 熔池状态观察

保证接头根部充分熔融。

6. 操作手法要求

此接头因产品结构原因，焊接可达性较差，因此也应在可达性极限点处起焊（即接头10~11点位置）。焊接时宜采用焊丝跟进法（焊丝不出熔池）进行施焊，以保证有足够的送丝量来填充较大的焊接间隙。

7. 特殊提示

焊后认真观察，不允许有咬边及其他缺陷产生。与吹除三通相同，除了与二孔座没有相关角度，其他控制方法和步骤与吹除接管嘴相同。

十一、目标焊缝27#

1. 接头结构分析

头部/身部对接焊缝为发动机推力室头部和身部进行装配连接时的关键焊接接头，且头部为1Cr18Ni9Ti不锈钢，身部由电铸镍材料外壁及锆铜材料内壁电铸结合而成，导热性极好。异性接头焊接，接头采用带锁底对接焊形式，Ⅰ级焊缝，需严格控制焊接质量。

2. 接头间隙控制

因该接头的焊接质量十分关键，又不能进行X光透照，为提高焊接电弧可视性、可达性，装配定位时采用拉间隙器确保装配间隙为1~1.2mm，以保证焊接过程质量控制。

a. 27#焊缝位置　　b. 27#焊缝形貌

图 4-20
27#焊缝在产品上的位置及形貌

3. 焊枪角度控制

因横向有阻碍，因此在不影响运调的情况下，尽量保证角度贴近垂直，纵向焊枪角度以85°左右为宜，以增加接头熔深。

4. 焊接参数限定

此结构因接头环境比较复杂，为保证合理的熔深，又避免产生裂纹等缺陷，在控制好焊缝融合比的情况下（含Cr不超过15%的情况下），进行添加丝封底焊操作。

在间隙可视条件下，充分保证焊缝钝边的熔融，盖面时也以添加焊丝材料成分为主，确保焊缝不出现裂纹。采用2%的氢氩混合气控制，以进一步提高焊接电弧的热熔性和焊缝表面质量。焊接参数见表4-16。

表 4-16
焊接参数表

焊缝部位	焊丝牌号	焊丝直径（mm）	焊接电流（A）	气体流量（L/min）
头部/身部	H00Cr21Ni10	1.6	125～145	8～12

5. 熔池状态观察

保证两个顶角部位（头部上的阴角和身部上的阳角部位）充分熔融。

6. 操作手法要求

因该结构焊接可达性好，所以采用顺序焊接即可（在多点定位支撑下不易产生变形）。又因该结构导热性较好，相对来说，熔池的流动性较差，因此多采用拖、带法进行焊接运调控制。

7. 特殊提示

焊缝不易过高，平滑即可，以免影响输送孔流量；控制好焊缝材料熔合比；为进一步保证焊缝表面质量，焊后应使用 15 倍以上放大镜检查焊缝。

十二、 目标焊缝 28～30#

焊缝在产品上的位置及形貌如图 4-21 所示。焊接接管嘴/搭接环、伺服能源接管嘴/搭接环、测温接管嘴/搭接环的焊接工艺控制方法与推力室其他接管嘴相同。因三个接管嘴并行排列，焊接时存在较多干扰源，故焊接时应严格控制和保障干扰处焊接接头的充分熔融。

a. 28～30#焊缝位置

b. 28～30#焊缝形貌

图 4-21
28～30#焊缝在产品上的位置及形貌

特殊提示：因该接管嘴与搭接环形成45°左右角倾斜装配焊接，焊接难度较大，要特别注意与搭接环和推力室身部一处异性的接头焊缝，不能存在重叠搭接焊缝。否则，因焊缝成分难以控制，易出现裂纹和渗漏。

十三、目标焊缝 31～36#

1. 接头结构分析

头部/上支座因要悬挂涡轮泵等组件，使用工况恶劣，经受疲劳载荷较大，且与头部上其他焊缝存在交叉，需进行隔断焊接处理。因存在一定的空间位置要求，故应在装夹工装上定位后，方可拆下工装进行焊接。焊缝要求Ⅰ级，属关键连接焊缝。

2. 接头间隙控制

因存在一定的焊接变形和加工精度要求，故按规范要求装配焊接间隙应小于0.5mm。

3. 焊枪角度控制

因焊接可达性较好，所以采用标准焊枪角度控制，即横向对称，纵向焊枪倾角为70°～85°。

4. 焊接参数限定

为保证焊接接头连接强度，控制好焊接接头质量，确保达到Ⅰ级焊缝要求，仍采用Ⅰ级焊缝控制方法，即先进行不加丝或加丝焊缝封底操作（同种材料可不加丝封底焊，异种金属要稍许添加丝进行封底焊接操作），保证钝边熔融和合理的熔深，再进行盖面焊接，并控制好焊接高度。焊接参数如表4-17所示。

a. 31~36#焊缝位置

b. 31～36#焊缝形貌（俯视）

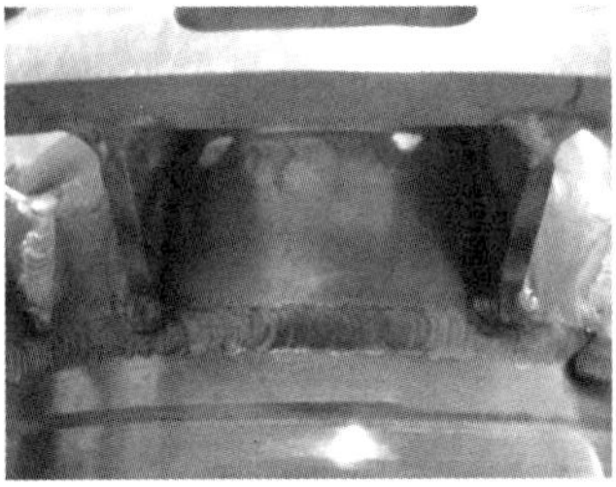

c. 31～36#焊缝形貌（仰视）

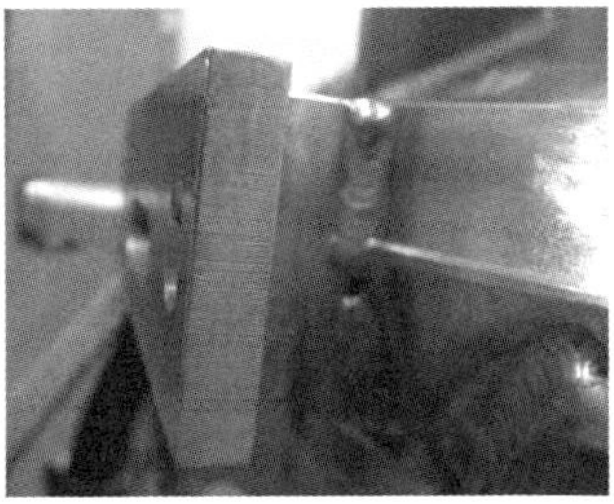

d. 31～36#焊缝形貌（左视）

e. 31～36#焊缝形貌（右视）

图 4-22
31～36#焊缝在产品上的位置及形貌

表 4-17
焊接参数表

焊缝部位	焊丝牌号	焊丝直径（mm）	焊接电流（A）	气体流量（L/min）
头部/上支座	H00Cr21Ni10	1.6	90～115	8～12

5. 熔池状态观察

保证顶角位部充分熔融，控制好熔深和有效焊角尺寸。

6. 操作手法控制

因该类焊接接头存在厚度差及异性接头焊时支座与电铸镍身部导热方向的巨大差异，因此焊接时要控制手形，向材料较厚处或导热较强的一侧集中，保证电弧充分作用到电弧热量需求较大的一侧，使被焊金属充分熔融。尽量采用对称焊接以控制支座焊接变形。

7. 特殊提示

异性接头焊接时，注意控制焊缝融合比，防止焊缝及表面微裂纹的产生。

十四、 目标焊缝 37#

1. 接头结构分析

搭接环是确保推力室有效正常工作、进行头部和身部连接、确保冷却和稳定燃烧的关键工序焊缝。因此，应严格控制搭接环对接焊缝质量，以保证搭接环承受有效载荷。

a. 37＃焊缝位置　　b. 37＃焊缝形貌

图 4-23
37#焊缝在产品上的位置及形貌

2. 接头间隙控制

为增加电弧热量的可达性，保证焊接接头质量，此接头应进行开坡口和留有一定的焊接间隙，即开 30°坡口，钝边 0.5mm 左右。焊接时，焊接间隙控制在 1mm 左右。

3. 焊枪角度控制

采用标准焊枪角度控制即可，即横向对称，纵向焊枪倾角为 70°~85°。

4. 焊接参数限定

为保证焊接接头控制在Ⅰ级焊缝要求的标准内，此接头可采用添加丝打孔封底焊和盖面焊接，即用两层焊接控制方法，以确保焊缝焊透、成型良好。焊接参数如表4-18所示。

表 4-18
焊接参数表

焊缝部位	焊丝牌号	焊丝直径（mm）	焊接电流（A）	气体流量（L/min）
搭接环/搭接环	H00Cr21Ni10	1.6	80~100	8~12

5. 熔池状态观察

确保焊接接头钝边的充分熔融和熔池的饱满，以防止焊缝背面有咬边现象发生。

6. 操作方法控制

为增加熔透深度和控制焊缝成型，可采用稍许上爬坡焊接方法。第一层保证有效焊透，第二层可适当降低焊接规范，并进行稍许摆动运调控制，以保证焊缝成型良好。

7. 特殊提示

因该结构对多余物控制要求较高，很难进行排补，要严格控制焊漏或其他焊接缺陷的产生，以免影响流阻或给排补带来巨大困难。

第五章

手工焊接典型工艺案例

第一节

焊接变形控制技术研究

一、 面板结构手工焊接

耐空气、蒸汽、水等弱腐蚀介质或具有不锈性的钢种为不锈钢，其铬的质量分数应高于12%。常见的不锈钢按照组织状态分为五类：铁素体不锈钢、马氏体不锈钢、奥氏体不锈钢、双相不锈钢和沉淀硬化不锈钢。由于不锈钢的应用范围很广，目前研发的很多焊接方法都适用于不锈钢的焊接。但对于不同类型的不锈钢，需根据组织与性能选择不同的焊接方法。

推力室头部是型号产品的动力源，工作时是混合推进剂燃烧的起始端，由中底组合件、第三底、承力座、二孔座、氧进口法兰、支板及接管嘴等零组件装配焊接而成，如图5-1所示。

a.产品实物

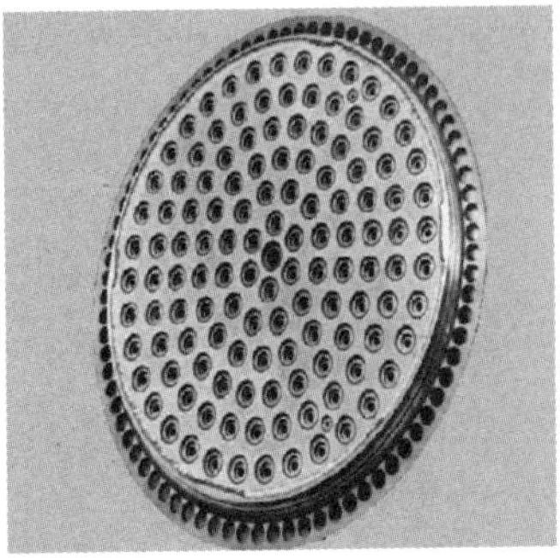

b.第三底

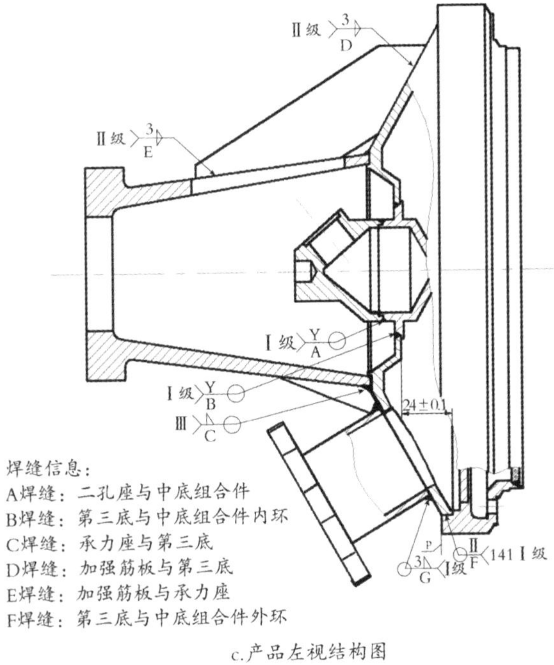

c.产品左视结构图

图 5-1

推力室头部

由于产品呈空间结构，材料涉及钢/钢、钢/高温合金连接，其任一部件的装配焊接质量优劣直接影响面板的平面度和氢氧喷嘴环形间隙。焊接不当会造成面板严重变形，影响面板平面度。面板的平面度不仅会导致氢氧喷嘴环形间隙波动，而且会导致面板前端燃烧区位置发生变化。此类变化影响推力室燃料混合的均匀性和火焰燃烧的稳定性，进而降低整个产品的推力性能和工作过程的安全可靠性。

针对这一复杂空间结构件，最典型的焊接工艺是依据焊接可达性顺序进行焊接，即采用从里至外、从下至上的典型常规焊接方式。在焊接过程中，要考虑在头部面板夹持工装和承力座以保持产品形位公差尺寸。

由此，手工焊接的具体焊接工艺为：

（1）先焊二孔座与中底组合件 1 道焊缝。

（2）焊接中底组合件与第三底 1 道内环焊缝。

（3）顺序焊接三底与中底组合件 1 道外环焊缝。

（4）焊接承力座与第三底 1 道焊缝。

（5）焊接加强筋板与第三底之间的焊缝。

（6）焊接加强筋板与承力座之间的焊缝。

（7）焊接头部氧进口法兰、2 个管嘴和测振支座。

利用有限元及工艺分析，推力室头部的 C 焊缝、D 焊缝、F 焊缝（C 焊缝、D 焊缝、F 焊缝已在图 5-1 中标注）

的焊接应力分析见图 5-2。

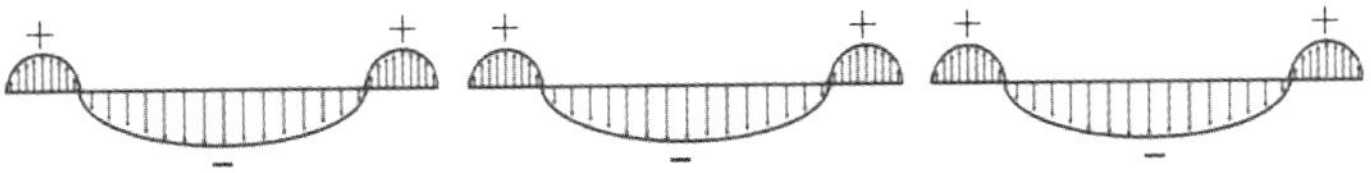

图 5-2
推力室头部 C、D、F 焊缝应力分析图

依据焊接可达性制定出的手工焊接顺序，每焊接一道，焊缝应力就叠加一次，最终焊接应力为三个应力之和，最终的应力分布情况见图 5-3，图中黄色区域的焊接应力最大。有限元分析结果显示，焊接对面板、第二底中间区域造成的焊接应力易集中在面板上。当去除工装后，焊接累积应力足以使面板发生明显变形，以致影响面板的平面度。实测值显示，不平度可达 1.5mm。

根据分析结果，需对焊接方案进行改进。通过对结构件的结构和有限元进行分析，焊接变形可通过工装预紧力、改变焊接顺序、在焊接时增加反作用力实现焊接累加应力来有效释放。

基于上述分析，在焊接工装的刚性约束下，中底组合件与第三底始终保持开环状态，即自由变形状态。由于自由变形状态导致第三底与承力座、支板与第三底的焊接应力可以得到有效释放，最后面板及结构件的应力仅为第三底与中底

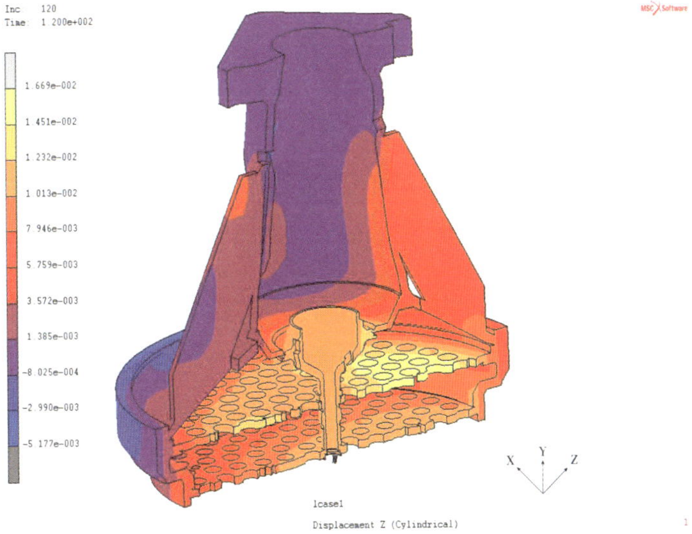

图 5-3
初期工艺方案头部焊接应力分布图

组合件焊接产生的焊接应力。数值模拟分析结构显示，此时应力分布情况如图 5-4 所示。

结合图 5-3 可知，调整后的结构件应力集中得到了较大释放，完善后的手工焊接具体工艺流程为：

（1）先焊接对产品结构变形影响较小的二孔座与中底组合件焊缝，分四段对称焊接。

（2）将第三底下边沿对称堆焊加高，高度为 1.5mm，

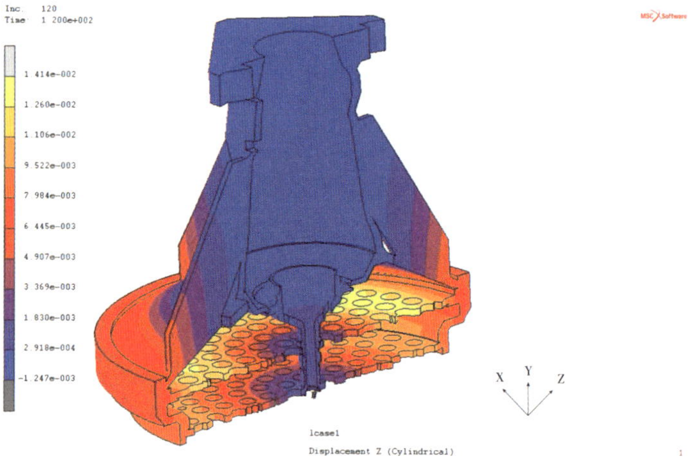

图 5-4
改进工艺方案头部焊接应力分布图

意在预留第三底与中底组合件之间的收缩间隙。

（3）将中底组合件与第三底、承力座一并装在工装上，找准产品位置，先在中底组合件与第三底之间对称定位四点，再在第三底与承力座之间对称定位四点，进行相关位置度限制。

（4）焊接承力座与第三底之间的焊缝，分两层对称焊接，第二层与第一层焊接顺序相反，尽量减小焊接应力对结构位置度的影响。

（5）此时，焊接头部三个接管嘴及测振支座焊缝的焊接可达性较好，又由于头部第三底的两条焊缝都处于开环状态（B焊缝、F焊缝），三个接管嘴和测振支座的焊接应力对整体结构影响较小。

（6）对称焊接四件加强筋板与第三底之间的焊缝可从里向外焊接，在第三底的两条焊缝都处于开环状态（B焊缝、F焊缝）下，充分释放加强筋焊接应力，并为后续焊接收缩预留间隙。

（7）分八段对称焊接第三底与中底组合件的焊缝，分两层焊接。第一层焊完待充分冷却后，经测量承力座四角高度数值后，找高点对称焊接第二层。

（8）焊接四件加强筋板与承力座之间的焊缝，方向向下，意在对第三底和中底组合件进行反向施压，进一步抵消焊接应力影响。

（9）焊接第三底与火药喷管之间的焊缝。

（10）焊接第三底上两个引出管。

（11）焊接引出管上两个测压接管嘴。

（12）焊接第三底与火药喷管关键焊缝，分两层对称焊接。

采用完善后的焊接方案完成结构件的焊接后，面板的平面度得到了很大的提高，最大值仅为0.15mm，完全满足设计要求。

二、 空间桁架结构手工焊接

30CrMnSiA 为低合金钢中的一种，含碳量超过 0.2%，而且合金元素种类较多，其化学成分和力学性能分别如表 5-1、表 5-2 所示。碳当量指钢铁中各种合金元素对淬硬、冷裂及脆化等的影响折合成碳的相对含量，对材料焊接性有直接影响。碳当量越高，材料的淬硬倾向也越大，可焊性就越差。

30CrMnSiA 低合金钢的碳当量依据表 5-1 成分计算：$CEN = C + Mn/6 + Si/24 + Ni/15 = 0.3 + 1/6 + 1/24 + 0.3/15 = 0.63$（%）。

很明显，30CrMnSiA 的碳当量较高，表明其淬硬倾向很大，在焊接过程中热影响区将会产生大量马氏体，导致焊缝严重脆化，增加了冷裂纹产生的倾向。热影响区温度超过调质处理时温度的区域将出现强度、硬度低于母材的软化区。

表 5-1
30CrMnSiA 的化学成分（%）

C	Si	Mn	Cr	Ni	P	S
0.28~0.34	0.90~1.2	0.8~1.1	0.8~1.1	≤0.3	≤0.025	≤0.025

表 5-2
30CrMnSiA 的机械性能

抗拉强度 Rm (N/mm^2)	下屈服强度 Rel (N/mm^2)	断后伸长率 A (%)	端面收缩率 Z (%)
1080	835	10	45

分析表明，30CrMnSiA 材料的可焊性非常差，易形成冷裂纹。而目前桁架结构的机架全部采用 30CrMnSiA 材料制造，由于空间结构、结构件形位公差严格、材料特性等特点，机架手工焊接难度极大，其主要表现在焊接变形控制和冷裂纹预防两方面。

（1）机架整体尺寸较大，直径数米，焊缝方向为空间结构，形位边缘是焊缝集中区的焊接应力释放的主要途径，应力释放将会导致较大的焊接变形。图 5-5 中机架的 6 个上支座分布在一个圆的平面六点上，设计图纸要求机架上支座机加工余量仅为 3.5～4.5mm。假设上支座所在平面的挠曲变形量为△L，上支座需要机加工量为△t，以平台左边上支座为基准，若机加量△t=4.5mm，平台右端的上支座加工量变为△t-△L，即 4.5-△L。

由于上支座的机加工量范围为 3.5～4.5mm，为保证平台右端上支座加工量在要求的范围内，需要△L≤1mm。如果△t=3.5mm，那么△L=0才能满足右端的上支座机加工量设计要求。因此，控制产品的焊接变形至关重要，通过控制焊接变形，才能满足机加工后产品所要达到的设计要求。

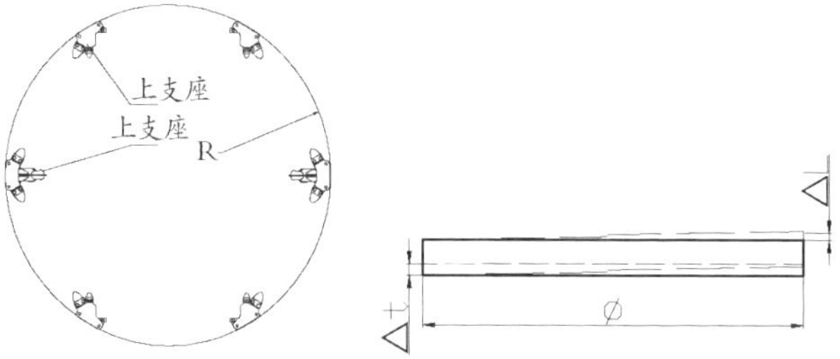

图 5-5
机架上支座平面挠曲变形示意图

（2）机架的焊缝数量众多，方向各异，仅机架的下支座就集中了三个主承力杆、一个梁中点支撑杆、一个支架支撑杆的焊接。数量众多和焊接方向各异的焊缝将导致焊接过程中，焊缝集中区域极易出现较大的焊接应力集中，使焊缝产生裂纹，具体如图5-6所示。

针对上述机架手工焊接难点，可设计专用工装来限制焊接过程中的变形，通过工装的刚性保证焊接后的变形达到设计要求。图5-7为机架焊接专用工装的整体示意图，该工装通过立柱、定位销、螺栓等部件固定机架的各个组件，使零件的装配尺寸满足图纸要求，保证各个组件在焊接过程中的

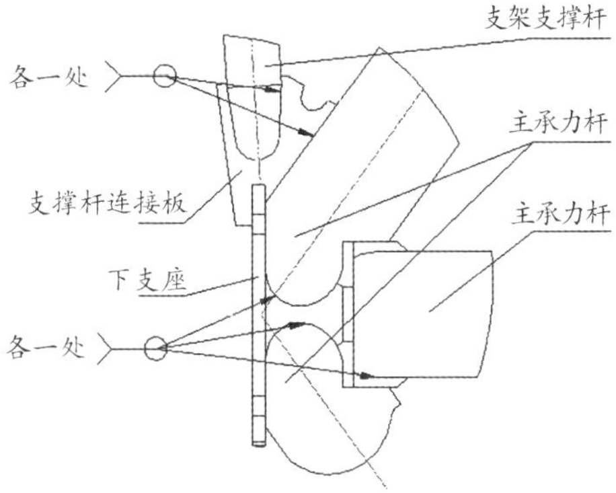

图 5-6
机架下支座焊缝分布示意图

焊接变形受到限制。

针对焊接裂纹现象，主要在焊接工艺和施焊顺序上采取优化措施。

（1）焊接工艺：焊前清理待焊零件表面的油、水和污物，对锈蚀严重的零件进行吹砂处理，去除表面的锈蚀。烘干焊条时，烘干温度为 300～350℃，控制焊接过程中氢的来源，减小冷裂纹倾向。机架零件的装配间隙不大于 0.7mm，错位量不大于 0.5mm。装配、定位、焊接连续进行，缩短中间停顿时间，防止定位焊接时焊缝组织产生的应力拉开焊点，造成装配变形，减少焊接收缩量，控制焊接完成后的残余应力。

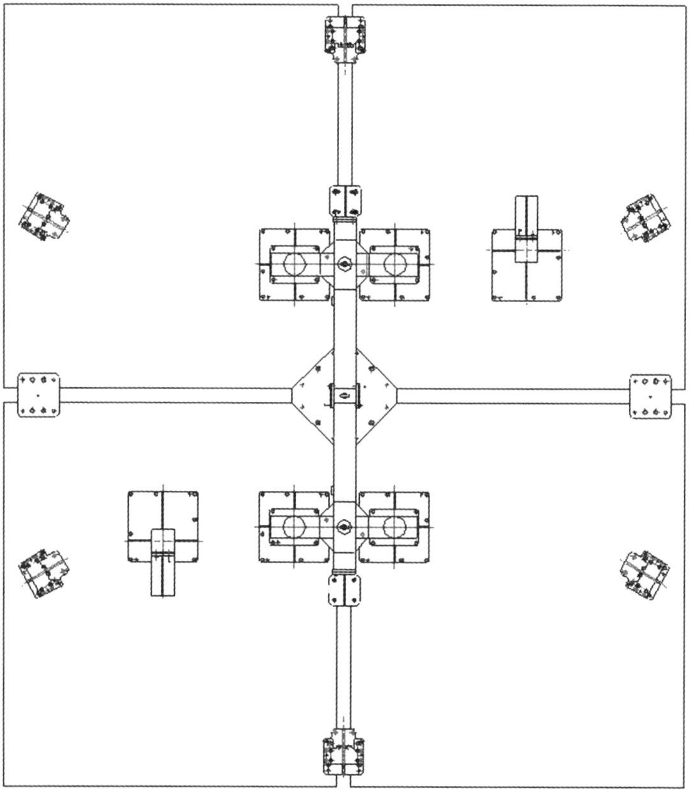

图 5-7
机架焊接专用工装的整体示意图

对机架焊接区域进行预热，预热温度范围为 150～200℃，焊前预热可以减慢焊缝的冷却速度，降低焊缝近缝区的淬硬倾向，改善焊接接头的塑性，减小焊接残余应力，进而减小冷裂纹倾向。尽量减小焊接过程中焊脚高度，以满足设计文件要求为限。采用小电流焊接，控制焊接热输入，焊条与焊接方向的角度维持在50°~70°，避免电弧集中、熔池温度过高。焊后进行保温措施，让焊缝中的氢扩散出来，减少焊缝中的扩散氢含量。

（2）施焊顺序：针对机架的结构及焊缝分布特点，采取合适的施焊顺序来改善结构的应力状态，减小机架裂纹倾向。先焊接机架中心的梁中点接头区域，避免焊缝收缩向机架一侧累积，从而引起机架各零件之间的装配尺寸误差。采用对称焊接方法焊接梁中点区域，两名焊工在两边同时对称施焊。采用此方法能使焊接应力相互抵消，减少残余应力的产生。先焊接零件自由收缩量大的部分，再焊接自由收缩量小的部分，尽量实现焊缝收缩。

通过上述焊接工艺和施焊顺序的优化以及焊接专用工装的运用，可实现30CrMnSiA低合金钢桁架结构的焊接，以让焊接形位公差和焊缝质量达到设计的要求。

第二节

焊接裂纹控制技术研究

一、异种金属（GH4169/30CrMnSiA）手工焊接

异种金属间能够形成固溶体，可焊接性良好；异种金属间能够形成机械混合物或其他复杂相，可焊接性尚好；异种金属间形成金属间化合物的，可焊性不好，几乎不可能用熔焊的方法获得满意的接头。

异种金属焊接的一个特点是在大多数情况下，熔合区塑性下降，内应力较大，易形成裂纹，甚至使焊缝金属剥离。GH4169、30CrMnSiA是两种被广泛应用于重要型号产品结构件的材料，然而由于其物理性能差异较大，结构件上涉及这两种材料的焊接难度较大。

30CrMnSiA的化学成分和机械性能见前文表5-1和表5-2。根据材料的焊接性，选用三种焊接材料进行了焊接工艺试验，即Ni625焊条、Ni818焊条和GH4169焊丝。上述焊接材料的焊接机械性能见表5-3，熔敷金属化学成分见表5-4，焊前对GH4169进行了固溶时效处理，焊接参数见表5-5，试件的坡口形式和尺寸见图5-8。

表 5-3
三种焊接材料的机械性能

性能 \ 牌号	Ni625 焊条	Ni818 焊条	GH4169 焊丝
b（MPa）	≥760	≥690	≥1275
5（%）成分	≥30	≥25	≥12

表 5-4
三种焊接材料的熔敷金属化学成分（%）

牌号 \ 成分	C	Si	Cr	Mo	Ni	P	S	Mn	Fe	W	其他
Ni625 焊条	≤ 0.10	≤ 0.75	20.0~ 23.0	8.0~ 10.0	基	≤ 0.015	≤ 0.010	≤1.0	≤ 7.0	—	≤0.5
Ni818 焊条	≤ 0.04	≤ 0.75	14.5~ 16.5	14~ 17.5	基	≤ 0.035	≤ 0.030	≤1.5	≤ 7.0	3.0~ 4.5	—
GH4169 焊丝	≤ 0.08	≤ 0.30	17.0~ 21.0	2.8~ 3.3	50~ 55	≤ 0.015	≤ 0.015	≤ 0.35	余量	—	—

表 5-5
三种焊接材料的焊接参数

牌号 \ 参数	焊接方法	焊接电流（A）	焊条直径（mm）
Ni625 焊条	手工电弧焊	90~110	3.2
Ni818 焊条	手工电弧焊	90~110	3.2
GH4169 焊丝	手工氩弧焊	70~90	1.6

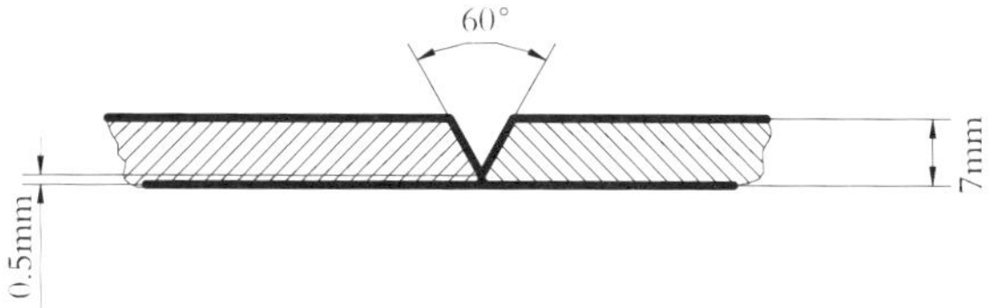

图 5-8
焊接接头形式

经外观检查后，采用三种焊料焊接后的试板符合 QJ 1842—1995 Ⅰ级焊缝要求。对焊接接头按照 QJ 1842—1995 Ⅰ级焊缝的标准进行 X 光检查，内部质量合格。表 5-6 为三种焊接试件室温下的力学性能。宏观检查焊接试样发现，三种试件拉伸后的断裂处均在焊缝中央。金相焊缝组织正常，焊缝内部无缺陷，其金相组织如图 5-9 所示。

表 5-6
三种焊接材料焊接接头的力学性能

焊接材料	σ_b（MPa）			σ_b 平均值（MPa）
	1#试样	2#试样	3#试样	
Ni625	625	640	580	615
Ni818	565	555	535	552
GH4169	675	695	675	682

基于表 5-6 的试验数据，GH4169 焊丝焊接的接头强度

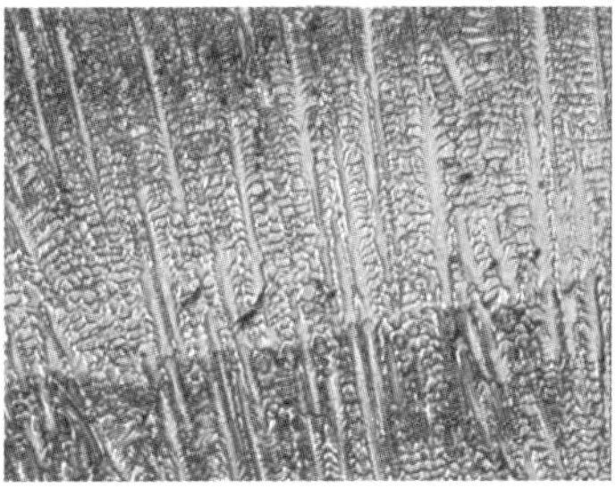

a.用Ni625焊条焊缝的金相组织

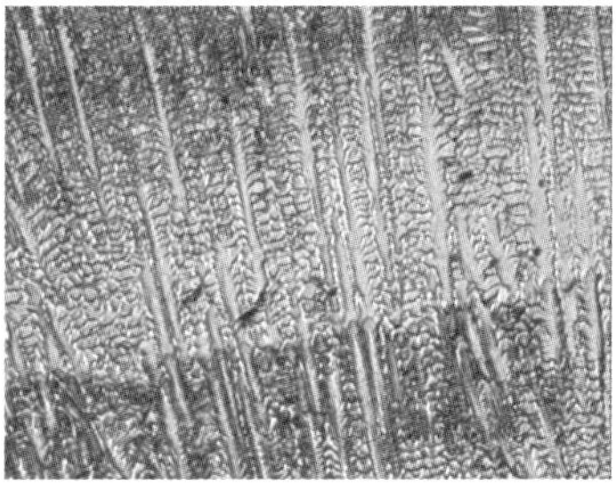

b.用Ni818焊条焊缝的金相组织

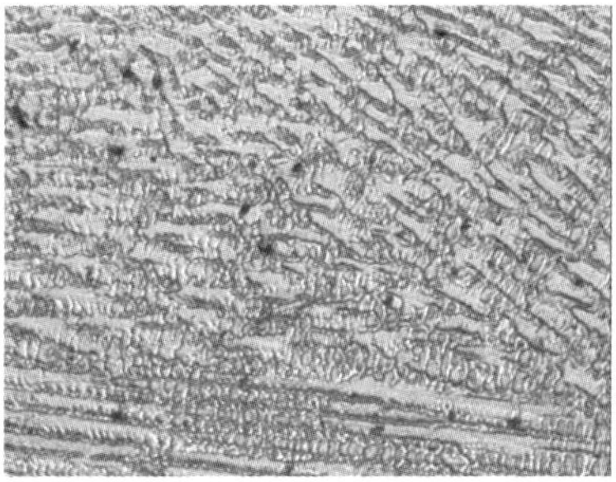

c.用GH4169焊丝焊缝的金相组织

图 5-9
三种焊接材料焊缝的金相组织（150x）

最高，但是受焊缝结构的限制且熔敷量大。Ni625 焊条焊接的产品，其焊后对接接头强度为母材的 56.94%，同时产品接头形式为搭接结构，符合设计强度需求。

考虑实际产品拉杆和接头结构形式为搭接，进行了1：1的拉杆和接头的模拟焊接试验，但是在此次模拟件焊接前，对 GH4169 接头进行了固溶时效处理。用 Ni625 焊条手工电弧焊焊接，焊接电流为110～130A。焊后进行拉伸试验，断裂处均为拉杆母材处，如图5-10所示。

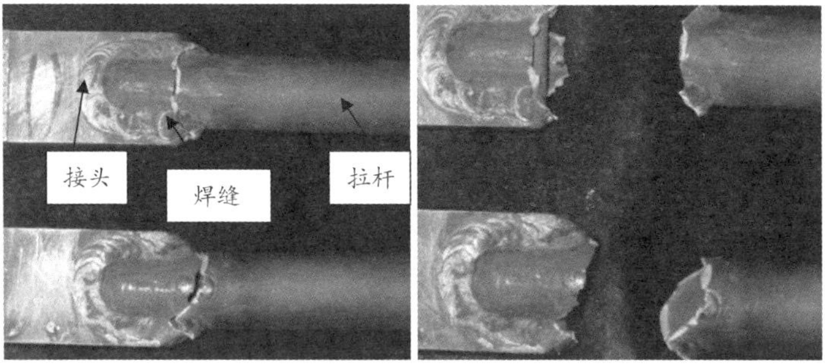

图5-10
拉杆和接头1：1模拟件拉断图

整个泵支架最薄弱点为拉杆横截面最小处，如图5-11所示。计算横截面（A-A面）面积为179.82 mm^2。对两件模拟件进行了试验，拉断力分别为243.04kN和234.89kN，拉断强度分别为1351.57MPa和1306.25MPa。通过1：1的模拟焊接试验可以得出，Ni625焊条满足设计要求。

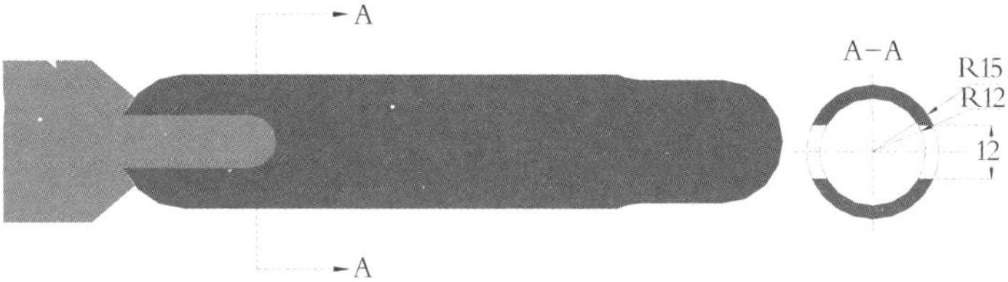

图5-11
拉杆横截面最小处示意图

二、 铸造高温合金（K4169）手工焊接

随着发动机推力的提高，推力室、涡轮泵大量选用铸造高温合金 K4169 作为结构材料。

与锻造 GH4169 相比，K4169 合金晶粒组织的基本特征是不均匀，即存在疏松、偏析及较粗大的树枝状结晶。铸造初生枝晶晶粒较大，枝晶胞的尺寸也可与变形合金的晶粒相比拟，即达到 0.1mm。γ′的相析出是不均匀的，枝晶间比枝晶干密度高。枝晶间存在凝固后期的 γ′+γ′共晶，而晶界及其析出的碳化物没有变形合金明显。枝晶间形成 γ′+γ′共晶，其外形不规则，呈白色蘑菇状，尺寸为 10~20μm，俗称为“白相”。共晶体中 γ′相为与 γ 相共同析出的一次相，成分与凝固后 γ 相中沉淀析出的二次 γ′相接近。

合金的铸态组织中有（Nb、Ta）C、TiN、Ni3Nb 和 Laves 相，Ni3Nb 和 Laves 相在 1120℃加热和热加工时溶入基体。Laves 相是 K4169 合金中不允许存在的相，该相富铌，存在于铸锭枝晶间，降低铸锭初熔点。铸锭中 Laves 相回溶温度和均匀化时间的关系见图 5-12。

国内外学者的研究表明，K4169 合金在焊接时存在以下三个问题：

（1）由于合金的流动性差，焊缝根部不易焊透。

（2）焊接热影响区易产生焊接热裂纹。

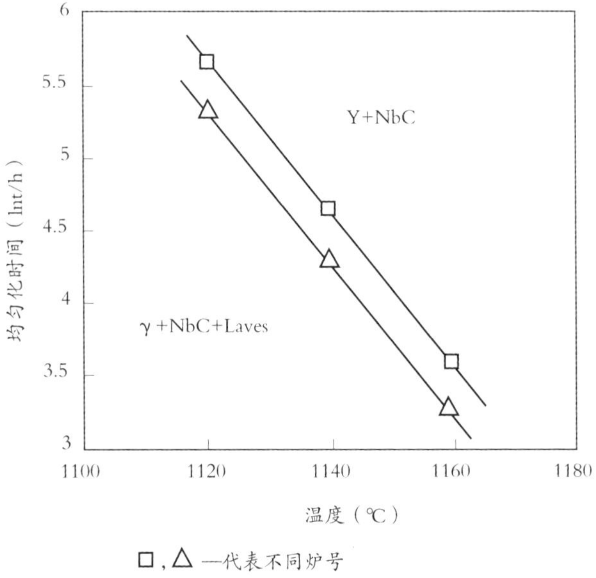

图 5-12
铸锭中 Laves 相回溶温度和均匀化时间的关系

（3）焊缝熔合区具有低冲击韧性和低塑性。

国外学者 T. J. Kelly 研究了合金元素对 K4169 焊接热影响区液化裂纹的影响，认为有利于提高焊接性的元素有钴和钛，会降低焊接性的元素有硼、铁、钼、铌等，对焊接性无影响的元素有硫、碳、硅和磷。

图 5-13 为 T. J. Kelly 给出的五种合金元素（B、S、C、Fe 和 Nb）对 K4169 合金焊接性的影响，主要为合金元素含

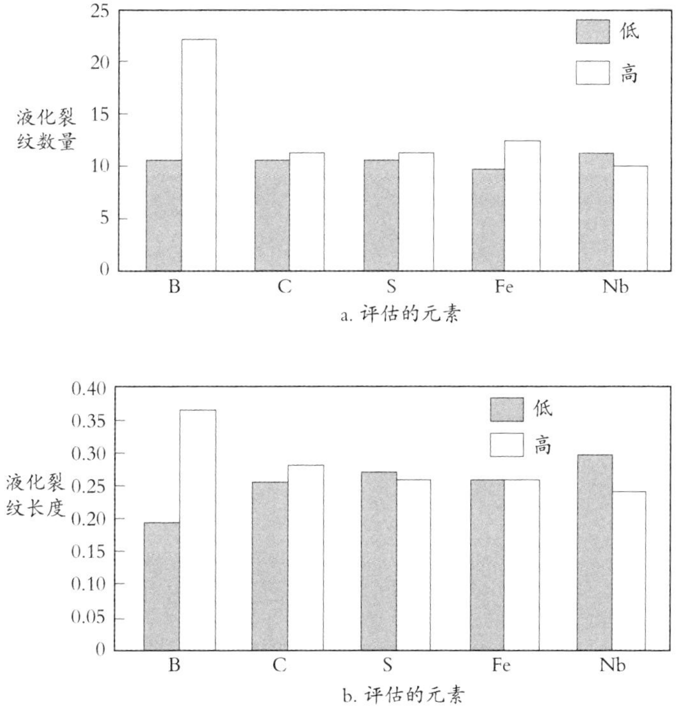

图 5-13
合金元素对 K4169 合金焊接性的影响

量变化对液化裂纹数量和总裂纹长度的影响。B、S、C 的含量从低于 10ppm 升高到 K4169 正常含量水平，Fe 从 17% 升高到 22%，Nb 从 4.5% 升高到 5.5%。可以看出，只有 B 含量变化对焊接性有较大影响。随着B含量的升高，裂纹长度和数量均显著增加。

T. J. Kelly、I. Woo等国外学者的研究结果均为：

（1）晶粒尺寸细于或等于5级时，焊接热影响区将不会出现液化裂纹。

（2）焊前均匀化处理可改善热影响区的裂纹敏感性。

此外，I. Woo和K. Nishimoto确定了晶界Laves相、NbC和奥氏体基体开始液化的温度：Laves相开始液化的温度为1383K，而晶界和晶粒内部的NbC开始液化的温度分别为1413K和1453K，表明Laves相开始液化的温度比NbC低30K，NbC本身由于存在的位置不同开始液化的温度差别高达40K左右。

而T. J. Kelly进一步分析了两种均匀化处理工艺对K4169合金焊接热影响区液化裂纹长度和数量的影响。结果表明较低温度均匀化对改善焊接性有利，但晶粒尺寸较大时，却没有哪种均匀化处理工艺能彻底消除热影响区的液化裂纹，见图5-14。

K4169的化学成分见表5-7，固溶时效状态下的室温机械性能和高温持久强度见表5-8。铸件在供货前进行了热等静压（1166~1177℃、103Mpa，保持4小时）和均匀化处理（1095℃±10℃，保温2小时，空冷）。

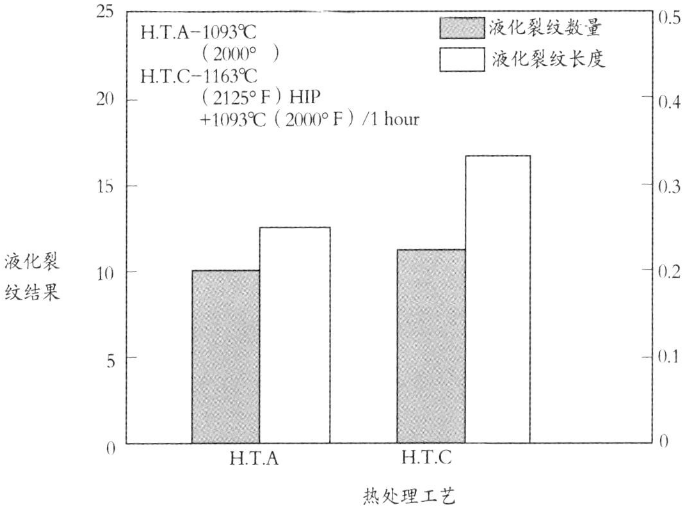

图 5-14
均匀化处理工艺对 K4169 合金焊接性的影响

表 5-7
K4169 的化学成分（%）

Al	Si	Ti	Cr	Ni	Nb	Mo	Fe
0. 30～0. 80	≤0. 35	0. 65～1. 15	17. 0～21. 0	50. 0～55. 0	4. 40～5. 40	2. 80～3. 30	余

表 5-8
K4169 的机械性能

试验条件	σ_b（MPa）	σ_s（MPa）	（%）	（%）
室 温	≥950	≥750	≥7	≥10
620MPa，650℃	保持 50 小时不断			

选用高温合金焊丝手工氩弧焊 K4169 与 K4169。K4169 母材有三种状态：均匀化处理、固溶处理和标准热处理（固溶+时效处理），见表 5-9。K4169 与 GH4169 焊后又进行了补焊试验，并将一次焊接试样和补焊接头分别进行了低温和室温拉伸、金相检查以及室温冲击试验。K4169 与 1Cr18Ni9Ti 选用 Ni818 和 Ni625，并用 Ni625 焊条进行了二次补焊。试件焊接接头形式见图 5-15，K4169 与 K4169、K4169 与 GH4169 采用手工氩弧焊，焊接电流 80～120A，并在焊后打磨掉焊缝金属进行补焊试验；K4169 与 1Cr18Ni9Ti 采用手工电弧焊，焊接电流 95～110A，电弧电压 2530V。

表 5-9
K4169 与 K4169 对接焊的主要试验内容

接头类型	焊前热处理状态	焊后热处理工艺	接头性能检测主要内容
一次焊接	均匀化	固溶+时效	(1) 力学性能：低温、常温、高温拉伸；高温持久；常温、高温冲击。(2) 金相检查：显微组织及热影响区液化裂纹情况分析。(3) 断口形貌观察及微区成分分析。
	固溶	时效	
	固溶+时效	—	
补焊试验	均匀化	固溶+时效	
	固溶+时效	—	

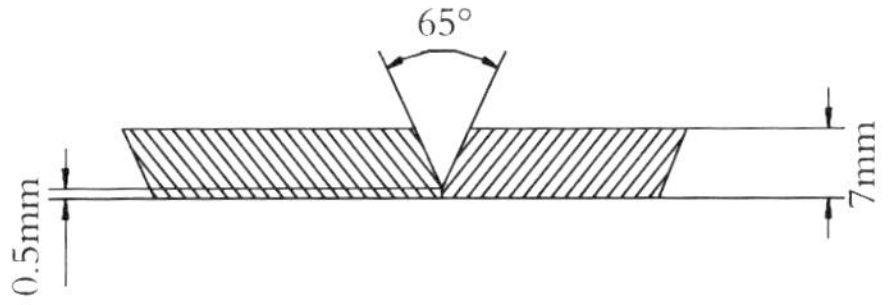

图 5-15
接头坡口形式与尺寸

K4169/K4169 接头的焊接室温拉伸、600℃ 拉伸及冲击试验结果分别示于表 5-10 至表 5-13。表中数据结果表明，焊接前热处理状态能直接影响 K4169/K4169 接头断裂位置和力学性能。焊前时效处理的试样断在熔合区，而焊前均匀化及焊前固溶处理的试样均断在 K4169 基体上。而焊前均匀化处理、固溶处理和固溶+时效处理三种热处理状态的焊接接头强度分别是母材强度的 95.2%、91.5%、70.5%。焊后一次补焊对焊接接头的断裂强度影响不大，但明显降低冲击韧性。

表 5-10
K4169/K4169 接头的力学性能（室温）

试样状态	断裂强度 σ_b（MPa）	断裂位置
焊前均匀化，焊后固溶+时效处理	905~970	母材
焊前均匀化，补焊两次后固溶+时效处理	945~955	母材
焊前固溶处理，焊后时效处理	870~895	母材
焊前固溶+时效处理，焊后不热处理	670~720	熔合区
固溶+时效处理，补焊两次，焊后不热处理	705~730	熔合区

表 5-11
K4169/K4169 接头的力学性能（600℃）

试样状态	断裂强度 σ_b（MPa）	断裂位置
焊前均匀化，焊后固溶+时效处理	725~735	母材
焊前固溶+时效处理，焊后不热处理	455~475	熔合区
焊前固溶处理，焊后时效处理	475~490	母材

表 5-12
K4169/K4169 接头的冲击试验结果

试样状态	试验条件	A_k（J）
焊前均匀化，焊后固溶+时效处理	室温	7~13.9
	600℃	9.5~9.7
焊前均匀化，补焊两次后固溶+时效处理	室温	7~8.5
焊前固溶处理，焊后时效处理	室温	8.2~12
焊前固溶+时效处理，焊后不热处理	室温	33.2~39.3
	600℃	49~56
固溶+时效处理，补焊两次，焊后不热处理	室温	23.8~25.7
	600℃	45~53

表 5-13
高温持久试验结果

试样编号	1	2	3
保持时间（h）	8	10	20

K4169/GH4169 接头的力学性能见表 5-14。一次焊接时，接头断裂位置为焊缝熔敷金属。常温拉伸时，补焊后不但断裂位置变为 GH4169 一侧的热影响区，接头的抗拉强度也有所升高，但其延伸率降低。

表 5-14

K4169/GH4169 接头的力学性能

试件状态	试验条件	σ_b（MPa）	δ_5（%）	断裂位置
KGB1	低温	975~1130	14~16	焊缝，偏 GH4169 侧
KGY7	常温	670~720	8.0~9.0	焊缝，偏 GH4169 侧
KGB1	常温	715~825	4.5~5.5	在 GH4169 侧热影响区

注：KGY 为一次焊接试件；KGB 为二次补焊试件。

K4169/GH4169 接头补焊后在室温下进行冲击试验，其冲击吸收功 A_k 值为 54 J。K4169/1Cr18Ni9Ti 电弧焊接头的拉伸试验结果见表 5-15，两种焊条焊接的接头力学性能相差不大。试板断裂部位均在靠 K4169 一侧的熔合线附近。补焊后试板的拉伸试验结果见表 5-16，断裂部位仍在靠 K4169 一侧的熔合线附近。

表 5-15

K4169/1Cr18Ni9Ti 接头的力学性能

	断裂强度 σ_b（MPa）	δ_5（%）	断裂位置
Ni818 焊条焊接	565~615	9.0~13	K4169 侧熔合区
Ni625 焊条焊接	590~635	10~20	K4169 侧熔合区

表 5-16

K4169/1Cr18Ni9Ti 接头 Ni625 焊条补焊后的力学性能

断裂强度 σ_b（MPa）	δ_5（%）	断裂位置
595~645	12~26	K4169 侧熔合区

对用于焊接试验的K4169进行微观组织观察，结果显示晶粒粗大，有的晶粒直径竟有半个板厚。由于试验所用的板材厚度为7mm，所以其平均晶粒尺寸可达2~3mm，K4169基体组织见图5-16。金相检查结果表明，不论焊前K4169母材的热处理状态如何，其焊接热影响区均有液化裂纹存在，见图5-17。

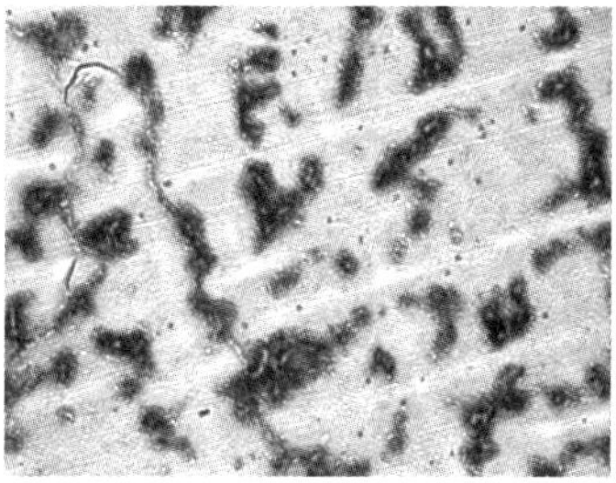

图5-16
K4169板材显微组织（100x）

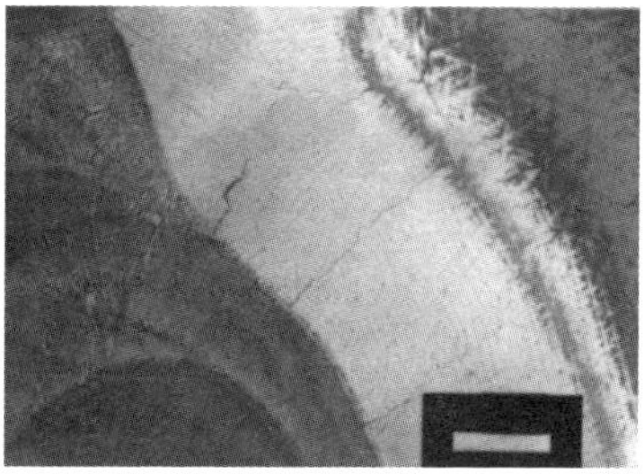

图5-17
K4169接头的金相组织（100x）

一个焊接接头横截面内的液化裂纹长度可看作是单位长度焊接接头上的液化裂纹长度，对一个焊接接头横截面内的液化裂纹长度进行统计分析，结果见表5-17。与力学性能试验的结果相比较可以看出，随着液化裂纹长度的增加，接头的抗拉强度减小。

表 5-17
一个焊缝横截面内的液化裂纹长度

焊前的热处理状态	均匀化处理	固溶处理	固溶+时效处理
液化裂纹总长（mm）	4.375	5.425	7.625

对断口进行微观分析，结果显示，断在基体上的试样呈塑性断裂，其断口的宏观形貌见图 5-18，断口上有明显的枝晶形貌。

图 5-18
断口的宏观形貌

焊前时效处理的试样断在熔合区附近，断口上有较多的二次裂纹，二次裂纹具有沿晶的性质，见图 5-19。

产生二次裂纹的区域断口形貌与正常断口有很大的差别，将二次裂纹区的断口形貌放大后可见土豆状形貌，为典型的液化裂纹形貌，见图 5-20。

可见，断裂发生在熔合区是因为焊接热影响区液化裂纹扩展造成的。

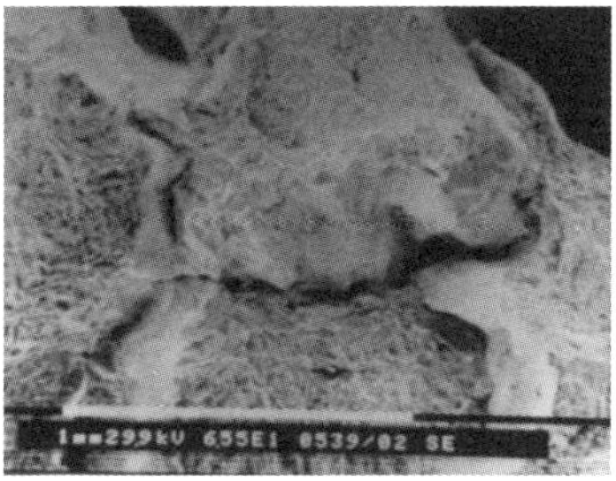

图 5-19
断口上的二次裂纹形貌

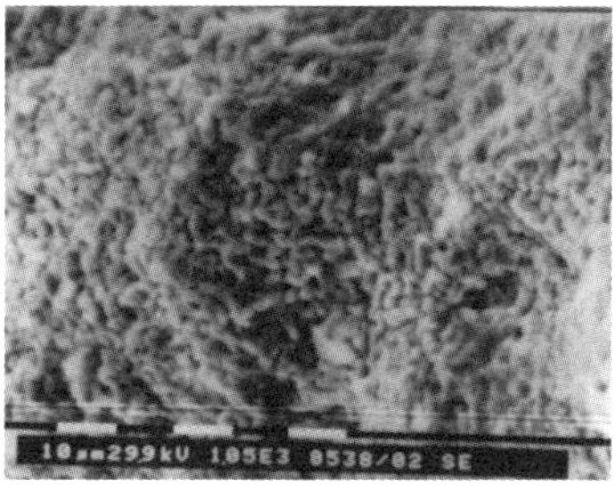

图 5-20
典型的液化裂纹形貌

而高温持久试样断裂后，试样的断口局部区域呈氧化色，断口上氧化区域与正常区域交界处可见明显的液化裂纹特征。这说明在高温持久试验时，液化裂纹表面发生氧化并扩展，使接头强度降低，过早断裂。

而铸造 K4169 为细晶时，其微观组织见图 5-21，当与不锈钢板 1Cr18Ni9Ti、锻件 GH4169 手工氩弧焊，其中 K4169 与 GH4169 焊接时焊前为均匀化处理状态，焊后进行固溶时效处理，焊接电流为 50~80A。力学性能结果显示，细晶铸造 K4169 与不锈钢 1Cr18Ni9Ti 焊接后试件均断在 1Cr18Ni9Ti 基体上，而细晶铸造 K4169 与 GH4169 试样均断在 K4169 基体上，抗拉强度均在 1000MPa 以上，最高达到 1620MPa。

对微观组织进行观察发现，细晶铸造 K4169 合金接头热影响区组织正常，未发现液化裂纹，见图 5-22 与图 5-23。

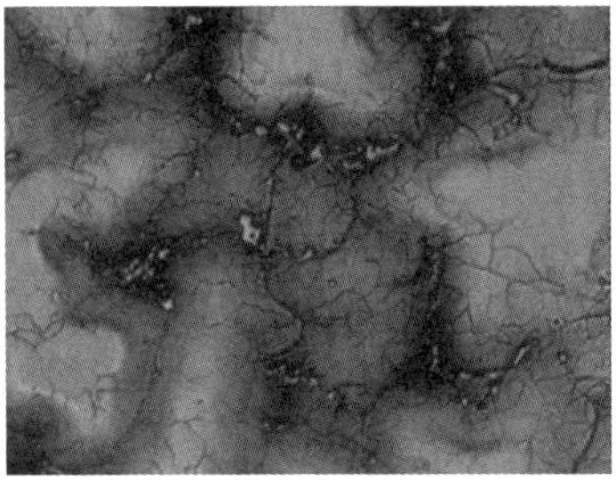

图 5-21
细晶铸造 K4169的晶粒组织（100x）

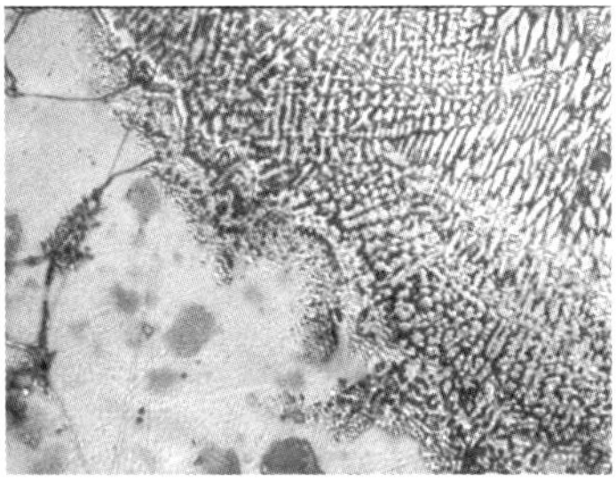

图 5-22
与1Cr18Ni9Ti 焊后 K4169一侧的熔合区组织（100x）

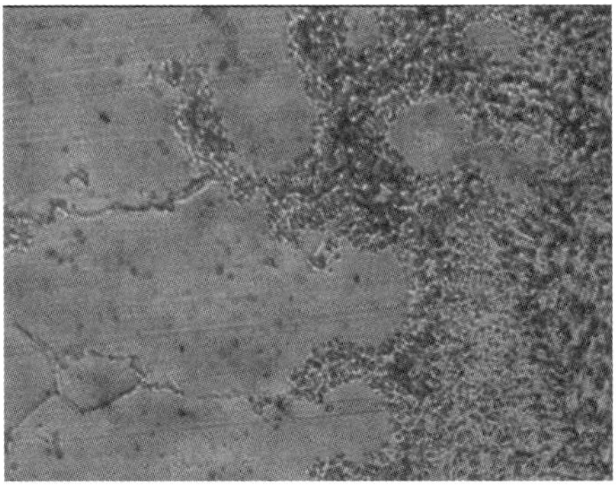

图 5-23
与 GH4169 焊后 K4169 一侧的熔合区组织（150x）

通过对 K4169/K4169、K4169/1Cr18Ni9Ti、K4169/GH4169 手工焊接接头的力学性能和微观组织研究，确定晶粒尺寸是影响 K4169 合金焊接性的关键因素。细晶铸造 K4169 合金的晶粒细小，为 ASTM 4 级，焊后检查时，显微镜下观察未发现有液化裂纹。而焊前对细晶铸造的 K4169 合金进行均匀化处理，选择合适的焊接工艺参数进行焊接，不仅可以避免液化裂纹的出现，而且接头的力学性能要远远优于一般的铸件接头。

第三节

焊缝熔透控制技术研究

一、非对称传热接头手工焊接

电铸镍具有良好的强度、韧性、耐腐蚀性、磁性等，在沉积过程中产生的内应力非常小，可制造许多复杂产品，精确地复制精细表面。基于电铸镍的性能、工艺成型等优势，电铸镍被广泛用于型号产品推力室身部的外壁制造工艺中。推力室身部为承力件，外部需焊接大量的支架或支板等辅助件，伴随动力装置推力的增大，辅助件材料大量采用 GH4169。

由于电铸镍与 GH4169 为异种材料，且电铸镍的导热率较大，焊接过程中的热输入控制非常关键。针对此工程问题，开展电铸镍材料与 GH4169 的手工焊接工艺研究。

电铸镍化学成分及机械性能应符合表 5-18 的要求，GH4169 化学成分见表 5-19，机械性能见表 5-20。

表 5-18
电铸镍的化学成分及机械性能（%）

Ni+Co	S	P	Pb	σ_b（MPa）	$\sigma_{0.2}$（MPa）	δ_5（%）	备注（室温）
≥99.75	≤0.008	≤0.008	≤0.008	≥426	≥272	≥20	退火状态室温

表 5-19
GH4169 的化学成分（%）

C	Cr	Ni	Mo	Al	Ti	Nb
≤0.08	17.0~21.0	50.0~55.0	2.80~3.30	0.20~0.60	0.65~1.15	4.75~5.50
Fe	B	Mn	Si	P	S	
余	≤0.006	≤0.35	≤0.35	≤0.015	≤0.015	

表 5-20
GH4169 的机械性能（室温）

σ_b	$\sigma_{0.2}$	δ_5（%）
≥1275MPa	≥1030MPa	≥12

试验所用电铸镍的化学成分、原始状态及退火状态下的机械性能见表5-21。对电铸镍进行了两种状态下的两组试验：对第一组电铸镍试件进行了焊前退火处理，即280℃保温2小时；对第二组电铸镍试件未进行焊前退火处理。

表5-21
试验所用电铸镍的化学成分及机械性能（室温）（%）

Ni+Co	S	P	Pb	原始状态下的 σ_b（MPa）	退火状态下的 σ_b（MPa）
99.99	0.003	0.002	0.005	730	523

试验过程中，试件的坡口形式和尺寸如图5-24所示，采用手工氩弧焊多层焊接，焊接电流为110~130A。焊丝为高温合金焊丝，直径为1.6mm。

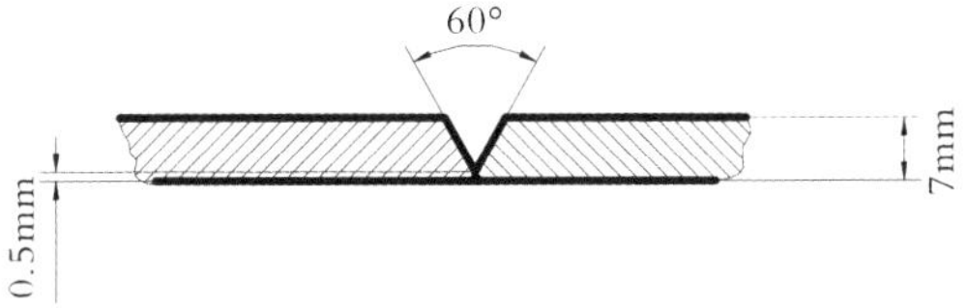

图5-24
焊接接头形式

对试验的焊接接头进行外观检查，符合QJ 1842—1995 Ⅰ级焊缝要求。焊接接头按QJ 1842—1995 Ⅰ级进行X光检查，内部质量合格。对试件进行室温下的力学性能试验，试验结果见表 5-22。

表 5-22
电铸镍与 GH4169 焊接接头力学性能试验

组别	焊前电铸镍试件状态	σ_b（MPa）			σ_b 平均值（MPa）
		1#试样	2#试样	3#试样	
第一组	退火处理	350	335	320	335
第二组	未进行退火处理	415	375	410	400

宏观检查焊接试件，试件断裂位置在电铸镍一侧的热影响区内，均有明显的变形缩颈。除拉断位置，未发现裂纹或其他焊接缺陷，见图 5-25。

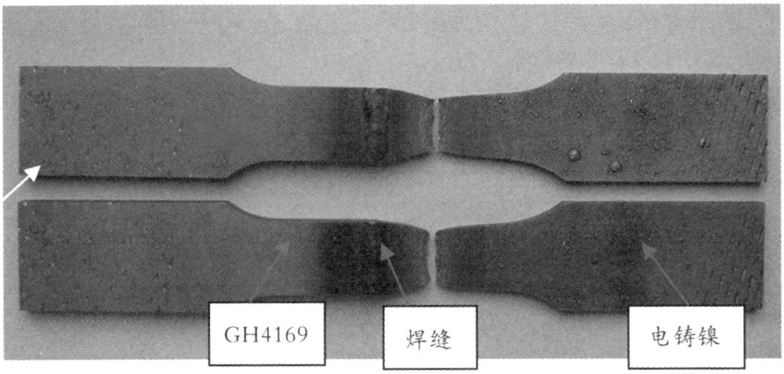

图 5-25
拉断试样形貌

对试件剖切后进行了金相检查：焊缝熔合区组织正常、无缺陷，见图 5-26；热影响区组织没有发现裂纹，见图5-27。

图 5-26
焊缝熔合区组织（150x）

图 5-27
焊缝热影响区组织（60x）

对电铸镍组织进行检查发现，母材晶粒度细小，有少量长条晶粒，晶粒度约为 10 级，见图 5-28；热影响区晶粒度长大明显，晶粒度为 3~5 级，见图 5-29。

由于电铸镍一侧热影响区的金相组织可知，电铸镍组织对加热温度较敏感。以往研究表明，电铸镍在 700℃、900℃、1000℃、1200℃ 热处理后，晶粒有长大现象；在 900℃ 和 1000℃ 的热处理下，晶粒继续长大，但在加热后的金相组织中未发现裂纹；经 1200℃ 加热后则出现了沿晶裂纹。电铸镍与 GH4169 对接接头拉伸后，断裂均发生在电铸镍一侧的热影响区中。

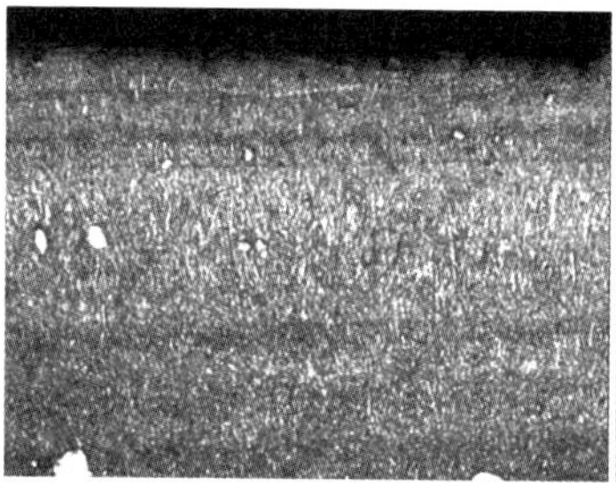

图 5-28
电铸镍母材晶粒度（150x）

图 5-29
电铸镍热影响区晶粒度（150x）

退火处理的电铸镍经过焊接后，拉断在电铸镍热影响区上，强度仅为 335Mpa。按技术条件中电铸镍退火处理后强度不小于 426MPa 计算，是母材强度的 78.64%；按同批电铸镍材料退火处理后强度 523Mpa 计算，是母材强度的 64.05%，不符合 QJ 1842—1995 Ⅰ级接头要求。

由于电铸镍组织对加热温度较敏感，焊后的焊缝强度明显降低，虽然断裂在电铸镍的热影响区上，但接头强度仍低于母材强度的 90%，达不到 QJ 1842—1995 Ⅰ级接头要求。

二、 施焊可达性差接头手工焊接

型号产品推力室结构复杂，尤其是头部，造成局部焊缝可达性极差。图 5-30 中的焊缝工况恶劣，对焊接质量要求高。且因该焊缝焊接对头部喷嘴间隙影响较大，焊接时应严格控制焊接热输入，以减小变形。同时，因该焊缝为头部结构上最后一道施焊焊缝，焊接可视性与可达性均较差。

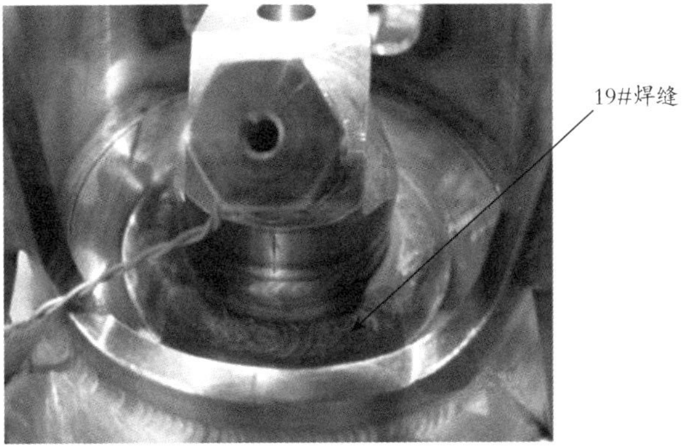

图 5-30
19#焊缝在产品上的位置及形貌

针对该焊缝受其他零件限制、可达性差、焊缝位置狭窄等现状，普通焊枪无法实现该焊缝的焊接。技能人员依据焊缝位置结构进行分析，对普通焊枪进行了优化改进，实现了这一狭窄空间结构焊缝的有效焊接。专用焊枪和普通焊枪的对比见图 5-31。

为了减少焊接过程中的头部焊接变形，需保证头部焊接的焊缝形状系数达到尺寸要求，以减少因焊接热输入引起的焊接应力过大而造成产品焊接变形。

通过多次试验研究，可引进富氩焊接技术，即采用特定比例的氢氩混合气为保护气进行焊接。采用该方法不但能有效提高电弧热量，使之获得深而窄的焊缝形状系数，而且能

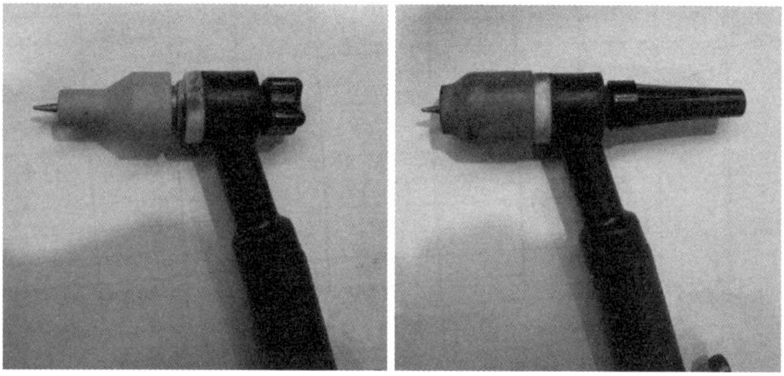

图 5-31
专用焊枪（左）与普通焊枪（右）对比

解决由焊缝成型系数不良引起的焊接应力变形。

通过焊枪改造以及焊接工艺试验分析最终确定了以下焊接工艺：

（1）预留反变形技术方案控制焊接间隙，径向 0.8mm 左右，轴向 0.3mm 左右，而焊枪角度保持在 85°~95°。

（2）采用封底和盖面二层施焊，且第一层封底焊接为不加丝封底焊，焊接参数见表 5-23。

表 5-23
焊接参数表

焊缝部位	焊丝牌号	焊丝直径（mm）	焊接电流（A）	气体流量（L/min）
第三底/火药喷管	H00Cr21Ni10	1.6	90~105	8~12

（3）为防止焊接变形过大影响头部喷嘴间隙，同时又要保证焊接接头质量，需采用分层施焊来控制热输入，采用对称每段焊接各四分之一封底和盖面焊接方式。

（4）因该焊接接头对焊接变形控制要求较高，因此分层焊接时，第一层封底焊完成后，应充分冷却至室温，再进行第二层焊接。

第四节

焊缝近无缺陷控制技术研究

一、铝合金悬空焊焊接技术

铝合金悬空焊是指在焊漏背后没有焊接垫板的焊接工艺，如图5-32所示。在进行悬空焊时，熔融金属在电弧吹力、自身重力、表面张力及焊缝周边约束力的相互作用下成形。控制悬空焊的关键在于控制热输入，使作用于熔滴上的力保持平衡，既要有足够的向下力量形成焊漏，又要保证向上托起的力量足够大，防止焊穿。

对于2Al4T6的热处理强化铝合金悬空焊技术，主要以控型、控性两个方面为主。

在传统的铝合金贮箱焊接中，由于铝合金高温强度低（370℃时的强度仅为10MPa左右），常常不能支持液体熔池

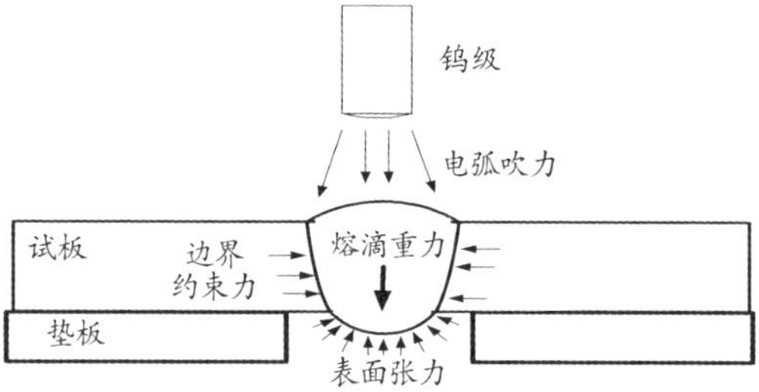

图 5-32
悬空焊示意图

金属的重量，破坏了焊缝金属的成型，引起金属的塌陷和烧穿，因此需采用垫板焊接。在悬空焊接过程中，熔合区在熔滴重力、电弧吹力等作用下，产生塌陷变形，如图 5-33 所示。

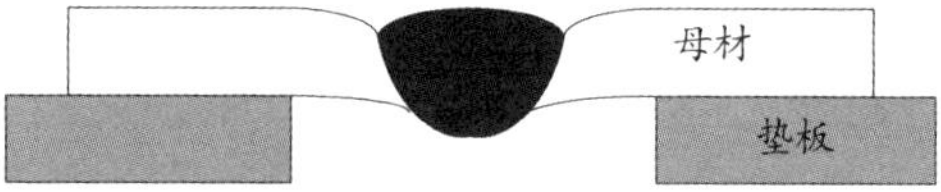

图 5-33
塌陷变形

在研制过程中，可通过以下几个方面的工艺措施来解决焊接塌陷。

1. 控制焊接垫板的间隙大小

悬空焊垫板的间隙大小对接头的刚性有所影响，跟焊缝是否塌陷息息相关。对于 1.8mm 厚度的铝合金板件来说，间隙大小应控制在 12～24mm。需要注意的是，对于可热处理强化的铝合金来说，在使用同样的焊接热输入的情况下，不同间隙会形成不同的机械性能。

2. 悬空爬坡焊接

由于板件立向的支撑力大于横向，所以爬坡焊也可以减少焊接塌陷。上坡焊时，由于重力作用，熔池向后流动，母材的边缘熔化并流向中间，使熔深增加，更容易使焊缝成型。

对于焊接倾角较大的底部熔池向下流淌的趋势，如果焊接参数不合适，会造成熔池下流。根据熔池的受力以及力学平衡理论，适当改变焊枪与椭球法向上的夹角，使电弧力有一个向上分量，从而平衡熔池在重力以及部分电弧吹力作用下造成的下流趋势。

经理论分析以及焊接实践可确定，焊枪与椭球面法向方向上的夹角为5°~10°，如图5-34所示。

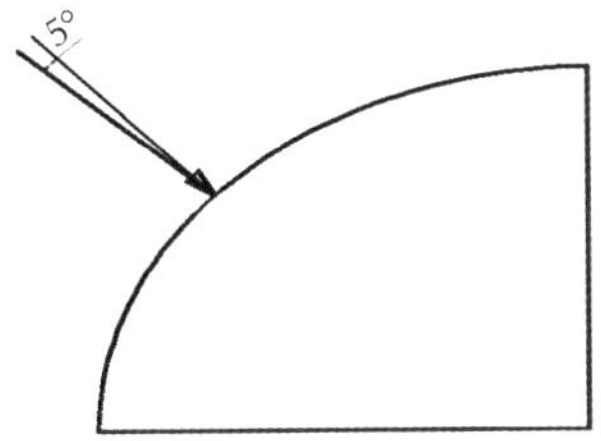

图5-34
焊枪与椭球面法向夹角

3. 预留焊道间隙

预留焊道间隙可以抵消焊接过程中零件受热膨胀而产生的挤压力。如果完全没有间隙或者间隙过小，在焊接过程中，由于膨胀的挤压，会加大塌陷的产生；间隙过大，会影响惰性气体保护效果，产生气孔或者烧穿。试验中所留间隙为0.3~0.5mm，如图5-35所示。

图 5-35
间隙试验装配图

4. 控制保护气体流量

为了减少电弧的吹力，在保证焊接过程中的气体保护效果的前提下，应尽量减少保护气体的流量。

5. 快速焊接

通过快速焊接，可以减小接头在高温区的停留时间，从而快速成型，有效控制塌陷变形。

另外，选用焊接参数如下：焊接电流要求适中，保证起弧 13 秒后，就能形成正面熔池及反面焊漏；焊接速度选用 7~8m/h，可获得良好的焊缝成型；送丝速度应与焊接速度相匹配，保证焊缝没有过高的急剧过渡和过低的凹陷现象；交流频率在 50~60Hz；占空比的范围为 45%~60%；脉冲频率以焊缝表面纹路为 20mm 范围内 6~8 纹路为最佳，所以与采用的焊速相配，脉冲频率选用 0.8~1.0Hz。

根据以上选择焊接参数原则，通过正交试验法，以抗拉强度为评价指标，通过优选，最终确定 1.8mm 厚度的 2Al4T6 的悬空焊焊接工艺参数，如表 5-24 所示。

表 5-24
1.8mm 试片悬空焊接优选工艺参数

厚度（mm）	电流（A）	焊接速度（m/h）	占空比（%）	脉冲频率（Hz）
1.8	110~115	7~8	0.55	1.0

采用优选的焊接参数进行 1.8mm 试片的焊接，获得的焊缝外形美观、变形小、焊漏均匀一致、X 光透视合格率高，如图 5-36 所示。进行接头力学性能测试，得到的抗拉强度及延伸率均满足设计要求，验证了悬空焊工艺的稳定性，试验数据如表 5-25 所示。

图 5-36
试片纵缝焊缝、焊漏、X 光图片

表 5-25
悬空焊 1.8mm 厚的试片力学性能

子样数量	抗拉强度（MPa）	延伸率（%）	抗拉强度均值（MPa）	延伸率均值（%）
37	320~385	4.5~6.5	351	5.8

通过分析可以看出，采用悬空焊接工艺，焊缝抗拉强度平均为 351MPa，延伸率平均为 5.8%，可焊接接头的一致性好、力学性能稳定，可以得到优良的机械性能，提升产品整体质量。具体优点如下：

（1）可通过控制垫板间隙、爬坡焊接、控制保护气体流量、预留焊道间隙以及控制焊接速度解决铝合金薄壁件悬空焊的焊接塌陷问题。

（2）采用悬空焊技术，减少了气孔、夹渣等焊接缺陷，降低了焊接热输入，控制了焊接变形，也是控制铝合金易过烧的有效方法，达到了近无缺陷的焊接目的。

（3）对于可热处理强化铝合金，悬空焊接减少了垫板的散热条件，可以有效减少焊接过程中热量的流失，在快速焊接的同时，能够实现低温材料焊后的塑性指标要求，提高工作效率。

二、铝合金铣切与焊接一体化技术

铝合金实现铣切与焊接一体化的先进装配焊接技术，提升了装配和焊接质量。在铣切过程中对铣刀进行风冷可提升铣切面光洁度，如图 5-37 所示。两端铣切后，根据计算，将动模胎移至静模胎瓜瓣对接侧，进而保证装配间隙，如图 5-38 所示。

图 5-37
瓜瓣高速铣切

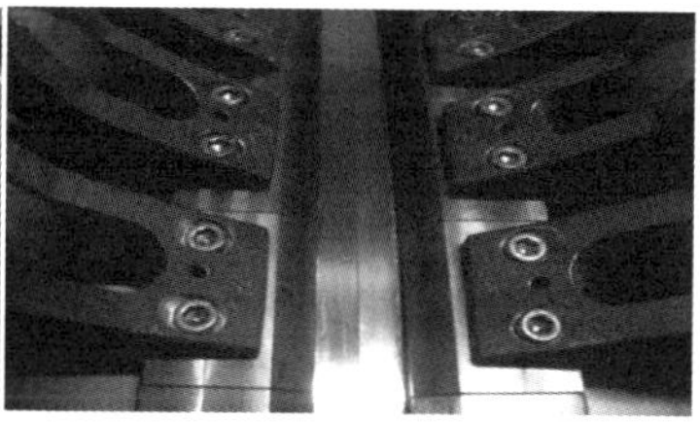

图 5-38
铣切后产品的对合

铝合金铣切与焊接一体化焊接装配技术的采用，有效避免了中间加工环节对近缝区的污染。利用传感器技术和多媒体技术，构建焊漏监控系统，可以清晰、准确地同步显现焊漏实况。通过正、反两面的焊缝成型监控，实现及时调整焊接电流，从而达到焊接过程中焊接热输入的一致，提高焊缝的一致性，如图 5-39 所示。

a.正面监控

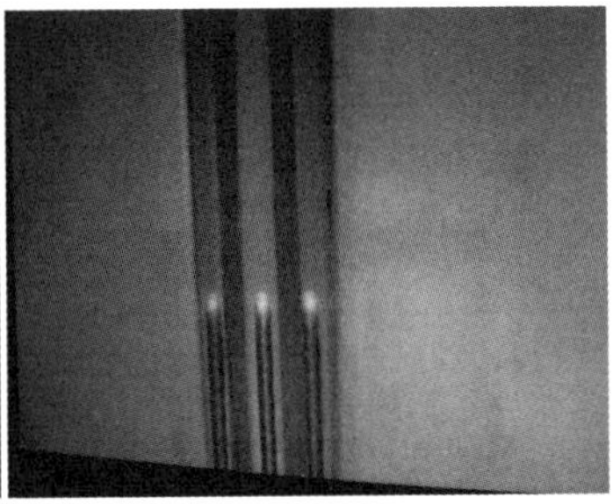

b.背面监控

图 5-39
焊接监控

铝合金铣切与焊接一体化及焊缝监控技术，可减少对焊接人员操作技能的依赖，为将来全自动焊打下基础，避免焊接人员遭受弧光辐射和烟尘污染。

1. 进行严格的焊前清理

在制造的过程中，首先要对焊接区进行清理打磨，去除氧化膜，如图 5-40 所示。采用刮刀进行刮削比采用钢丝刷更彻底，加之焊前对端面的铣切，使焊接区完全处于无氧化膜的状况，确保焊接质量。

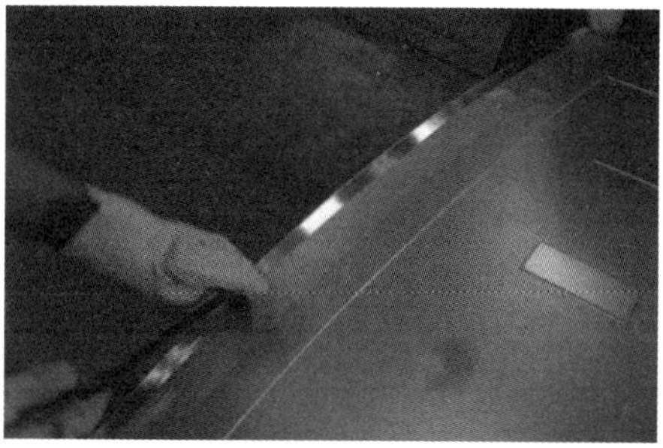

图 5-40
清理打磨待焊区

2. 精确控制钨极装配

在焊接过程中，所有能够影响焊缝成型的参数都要加以控制。例如，每次装卡钨极时，均采用自制的定位工装以确保钨极伸出长度的一致性，使工艺保障更加具体化，如图 5-41 所示。

图 5-41
钨极伸长量定位工具

利用这一研究成果进行了产品的生产制造，到目前为止完成了 40 架份 Φ3000mm 低温共底的制造，焊缝成型良好。箱底型面质量高，完全符合设计要求。生产效率提升50%以上，焊接完成的共底如图5-42所示。

图5-42
共底金属单底图

将采用新旧技术完成的箱底无损检测情况进行对比，结果见表5-26。

表5-26
新旧技术焊接缺陷对比

	批次号	单件焊缝总长（mm）	单件缺陷总长（mm）	缺陷率（%）
旧设备垫板焊	12~17#	19978	648.6~7627	3.2~38.2
新设备悬空焊	19~31#	19978	0~1046.6	0~5.2

从缺陷的统计数据可以看出，采用新技术之后，箱底的缺陷率显著降低。虽然在焊接初期焊接率也有5.2%，但是随着技术的熟练应用，焊接质量逐步提高，目前箱底的缺陷率控制在5%以下，达到了近无缺陷的水平。

设计指标要求焊缝40mm范围内焊接变形与样板间距离不超过1.5mm，实际测量小于1mm，很好地满足了粘接需求。

从完成交付的箱底液压和检漏情况来看，到目前为止，采用新技术和装备完成的所有低温箱底均实现了一次液压合格、一次检漏合格，使产品焊接质量大幅度提高。

新技术有以下两方面的优点：

（1）有利于实现铣、焊一体的全自动装配焊接技术，提升焊接装配质量，便于焊接监视控制系统的工程应用，实现单面焊双面成型的焊漏面过程监控。

（2）能够使焊接工艺参数更加精细化，提高工艺保障。

第五节 焊缝防氧化技术研究

一、钛合金焊接

航空、航天飞行器等重要动力装置工作环境为超高温、超低温、高真空、高应力、强腐蚀等极端条件，对所应用材料提出轻质高强、耐高温、耐低温等要求。钛密度为 $4.5g/cm^3$，仅为钢的 56%。钛合金强度为 500～1400MPa，不但能满足轻质高强要求，而且具备优异的高温和低温性能，被誉为“宇宙金属”“空间金属”，在航空、航天领域中被广泛使用。在航空、航天装配中，钛合金所占质量为产品质量的 5%～30%，手工氩弧焊接是实现钛合金连接的一种有效方式。

CT20 钛合金是西北有色金属研究院为航天管路构件设计的，是一种 Ti-Al-Zr-Mo 系新型近 α 低温钛合金，具有强度适中、低温塑性高、冷成型性能及液氢相容性优异等特点，适合在超低温工况下使用。但 CT20 低温钛合金在空气中焊接时，250℃时开始吸氢，500℃时开始吸氧，600℃时开始吸氮。而且，随着氢含量的增加，焊缝的抗冲击性能受到严重影响；随着氧含量的增加，硬度和强度将增加，塑性将降低；焊缝中含氮，将会形成脆硬相。

因此，CT20 钛合金焊接时存在两方面问题：

(1) 焊缝热影响区表面颜色发蓝，如图 5-43 的 a 图所示。

(2) 焊缝出现硬的魏氏组织（从 β 转变点以上以不太快的速度冷却形成的一种原始 β 晶界完整、β 晶粒内为 α 小片或α-β小片组成的组织，组织结构表现为粗大集束、长而平直，并具有较大的纵横比），如图5-43的b图所示，影响接头质量稳定性和疲劳性能。

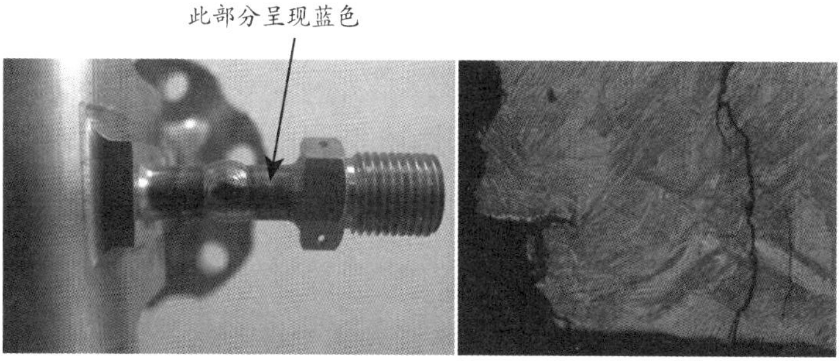

a.CT20钛合金焊接接管嘴表面形貌　　b.焊缝魏氏组织

图5-43
CT20钛合金焊缝及焊缝微观组织

针对CT20钛合金手工氩弧焊接开展相应的工艺研究，图5-44为常温无附加保护下焊接后的焊缝外观形貌，由图可知，焊缝热影响区出现发蓝现象，说明焊接过程中焊缝及热影响区

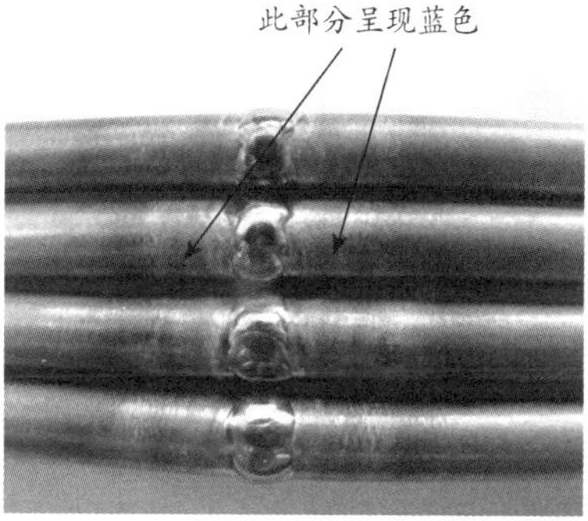

图5-44
内腔保护试件焊接件

吸收了空气中一定量的杂质。

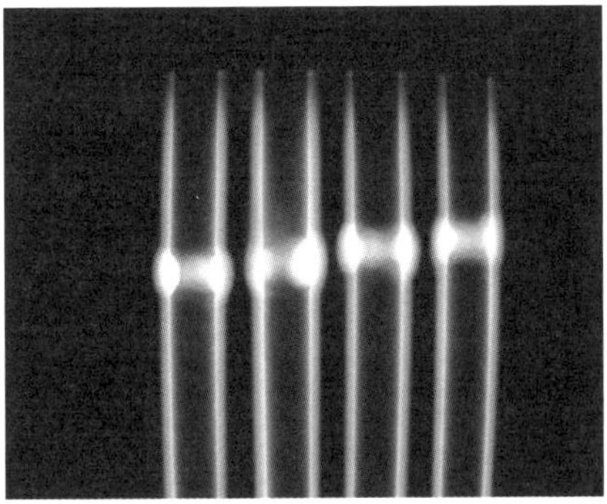

图 5-45
钛合金试件 X 光检测

焊缝 X 光结果表明，焊缝处并没有出现气孔等内部缺陷，如图 5-45 所示。图 5-46 为焊缝剖切后的微观组织形貌图，由图可知，焊缝出现大量的魏氏组织。焊缝及母材硬度测试结果表明，焊缝区的维氏硬度比母材值大 40 左右，如表 5-27 所示。焊接接头力学性能测试见表 5-28。图5-47为试件拉断的宏观形貌图，断裂全部发生在基体本身，有明显的颈缩现象。断口形貌分析显示为韧性断裂，如图5-48所示。

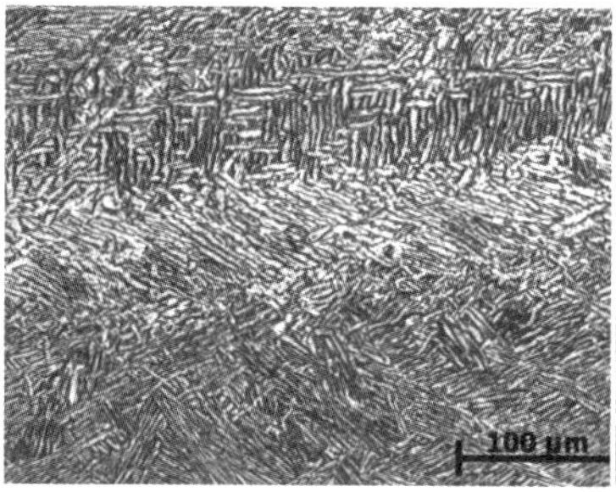

a.母材处显微组织

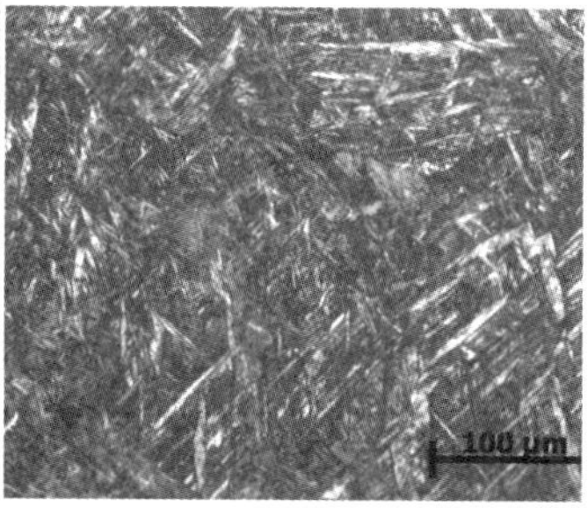

b.热影响区显微组织

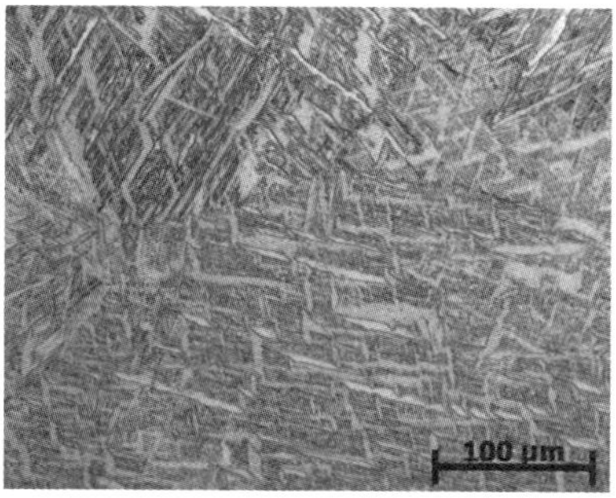

c.焊缝区显微组织

图 5-46
焊缝各区显微组织

表 5-27
焊缝各区域平均显微硬度（HV0.2）

显微硬度														
一侧母材			一侧热影响区			焊缝区			另一侧热影响区			另一侧母材		
251	257	257	253	251	264	300	298	285	279	298	257	267	265	259

表 5-28
焊接试件常温拉伸破坏力

试样编号	平均拉力（kN）	破坏位置
1	16.78	基材
2	16.14	基材
3	17.45	基材

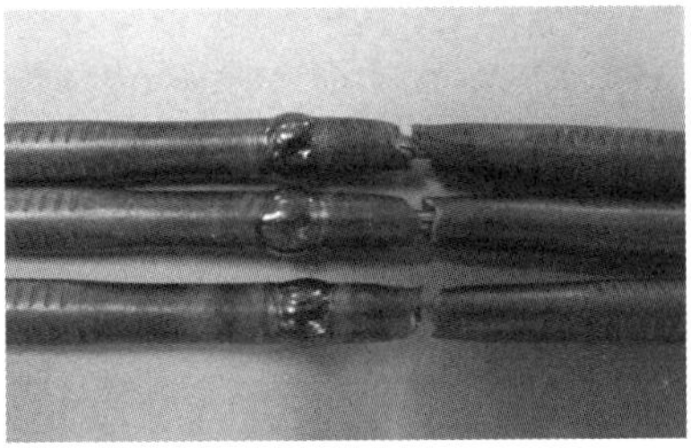

图 5-47
常温拉伸

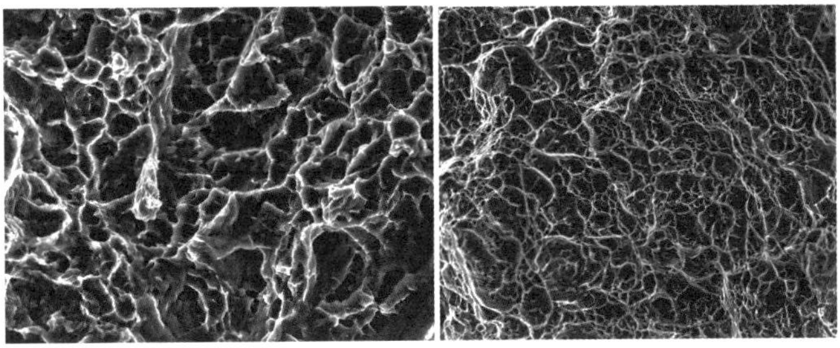

图 5-48
拉伸断口形貌

图 5-49
低温焊接试件

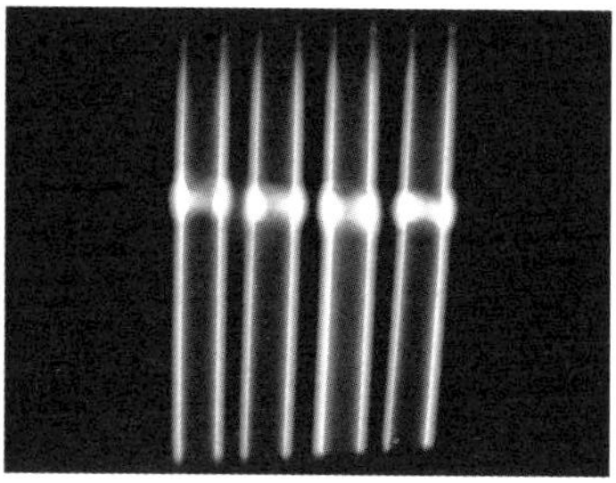

图 5-50
低温焊接试件 X 光检测

图 5-49 为 CT20 无附加气保护焊接后的低温试件，试件外观表明，焊缝附近发蓝，但 X 光无损检测结果为没有气孔等缺陷，如图 5-50 所示。

在液氮温度下进行力学性能测试，发现焊缝断裂在热影响区附近，与常温断裂位置存在差异，见图 5-51。对断口进行观察发现，液氮温度下存在类似脆断的断口，如图 5-52 所示。手工氩弧焊接无附加气保护状态下焊缝吸收了空气中的杂质，外观及维氏硬度表明焊缝出现硬化现象。

在保护气下完成 CT20 钛合金焊接，见图 5-53，焊缝外观形貌没有出现图 5-49 中的发蓝现象，证实焊接过程中的气保护能有效阻止焊接过程中吸收空气中杂质。X 光无损检测表明没有出现气孔等内部缺陷，如图 5-54 所示。

图 5-51
低温拉伸试件

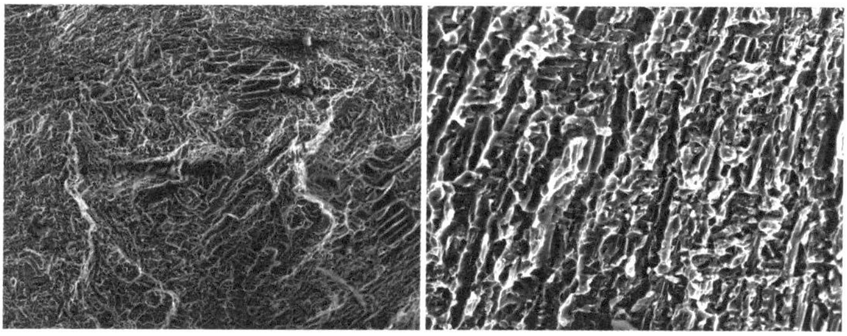

图 5-52
拉伸断口形貌

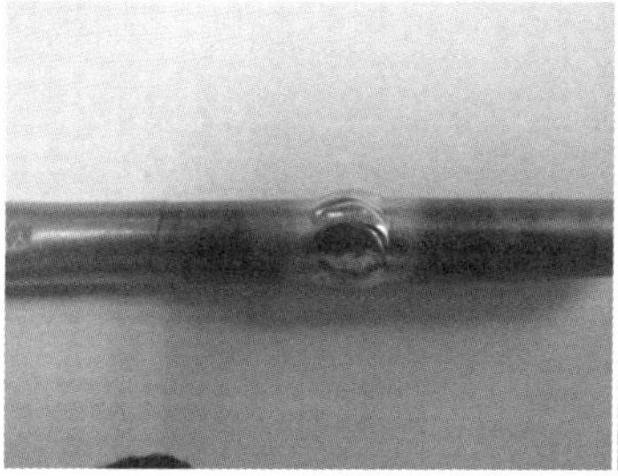

图 5-53
内外保护焊缝试件

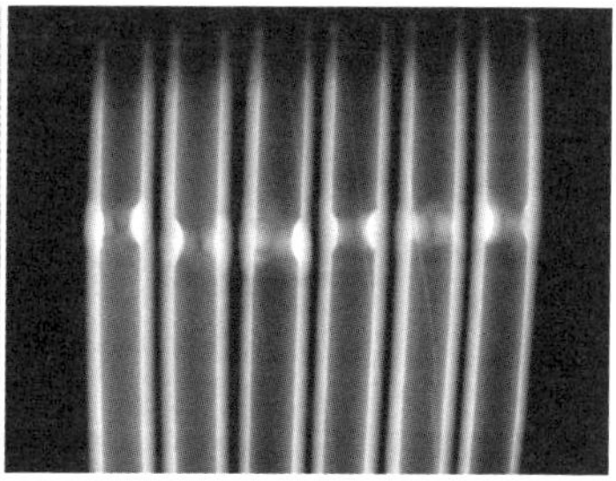

图 5-54
钛合金试件 X 光检测

二、 薄壁金属焊接

某型号产品发动机作为型号产品的芯级主推发动机，从地面起飞时就开始工作。为了避免产品在工作过程中失稳，其管束式喷管延伸段在表面焊接加强箍，如图 5-55 所示。管束焊接组件由薄壁管焊接而成，材料牌号为高温合金。加强箍焊接完成后，不允许有焊漏堵塞通道，喷管延伸段内型面与理论母线误差不大于 2mm，且强度试验时，焊缝不允许有渗漏现象。

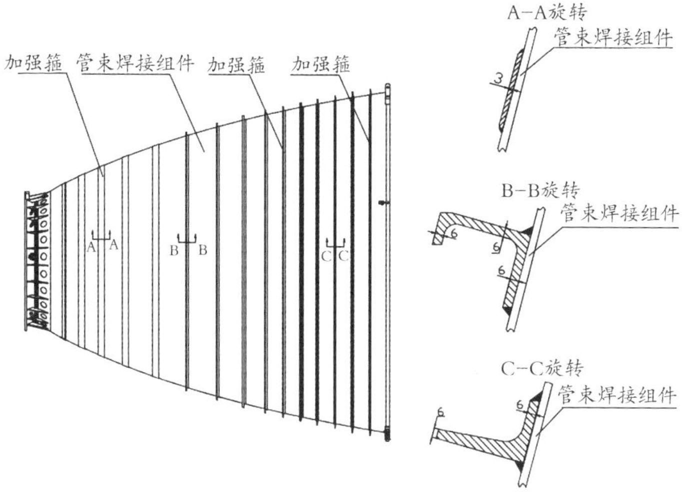

图 5-55
管束式喷管延伸段加强箍焊接示意图

管束焊接组件与加强箍采用手工氩弧焊进行焊接，存在着高温熔融、局部加热且热输入较大、内型面变形较大等特点，需要采用综合优化工艺控制措施，才能达到产品设计要求。

氩弧-钎焊与氩弧焊相比，选用焊丝的熔点较低，热输入较小，内型面变形较小。为此，进行了手工氩弧-钎焊与手工氩弧焊喷管加强箍研究，其中氩弧-钎焊采用了铜基S211焊丝，氩弧焊采用了镍基Ni62焊丝。

高温合金的机械性能见表5-29，模拟加强箍的厚度为1.5mm。试验用S211、Ni62焊丝直径为1mm，其化学成分及熔化温度分别见表5-30和表5-31。图5-56为模拟产品工作温度区间的常温和高温拉伸试验，由图可知拉伸试件断裂于焊缝的中间，具体拉伸数据见表5-32（Ni62没有拉伸数据）。

表5-29
GH3600管子的力学性能

试验温度（℃）	抗拉强度 σ_b（MPa）	残余伸长应力 $\sigma_{\gamma 0.2}$（MPa）	断后伸长率 δ_5（%）
	不小于		
室温	550	240	30

表 5-30

S211 焊丝的化学成分及熔化温度

化学成分（%）									熔化温度（℃）
Cu	Si	Mn	Sn	P	Pb	Al	Zn	Fe	
余量	2.8	0.9	0.1	—	0.08	0.001	0.001	0.03	1027

表 5-31

Ni62 焊丝的化学成分及熔化温度

化学成分（%）						熔化温度（℃）
C	Si	Mn	P	S	Cr	
≤0.08	≤0.3	≤1.0	≤0.02	≤0.015	14.0～17.0	
Cu	Fe	Ni	Nb			1350
≤0.5	6.0～10.0	≥70	1.5～3.0			

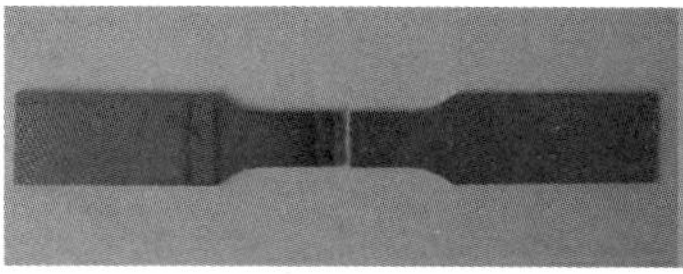

a.常温拉伸试件

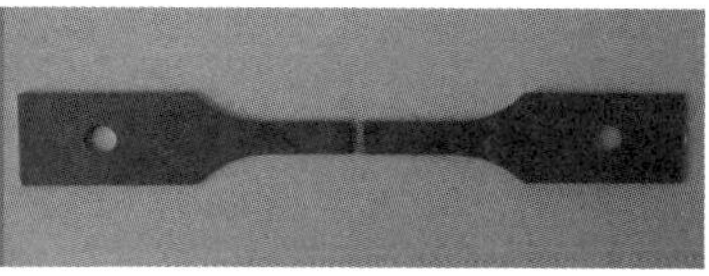

b.高温拉伸试件

图 5-56

S211 焊丝氩弧-钎焊试件

表 5-32

S211 焊丝氩弧-钎焊接头力学性能

温度	常温	650℃
断裂强度（MPa）	310	199

为了得到合理的焊接工艺参数，选用了管束焊接组件大端余量作为管束焊接组件试件，选用厚度 1.5mm 的高温合金薄板作为加强箍氩弧-钎焊试件。

试件焊接后，首先对焊缝外貌形状进行综合判定，工艺参数范围见表 5-33，焊缝外观形貌见图 5-57。由图可知，加强箍模拟件焊接完成后，焊接处内型面没有明显的氧化变色现象，用手触摸没有明显凸起现象。通过钢板尺进行间隙测量，发现此处没有明显的由焊接变形引起的间隙。煤油试验检查，未发现渗漏现象。X 线检查，未发现裂纹、气孔等超标缺陷，没有发现焊漏堵塞通道。

表 5-33

S211 焊丝氩弧-钎焊工艺参数表

焊接电流	焊接速度（m/h）	气体流量（L/min）	钨极直径（mm）
$I_{峰}$=56-70A、$I_{基}$=11-14A、频率=3-4 次/s	8~10	6~8	1.0

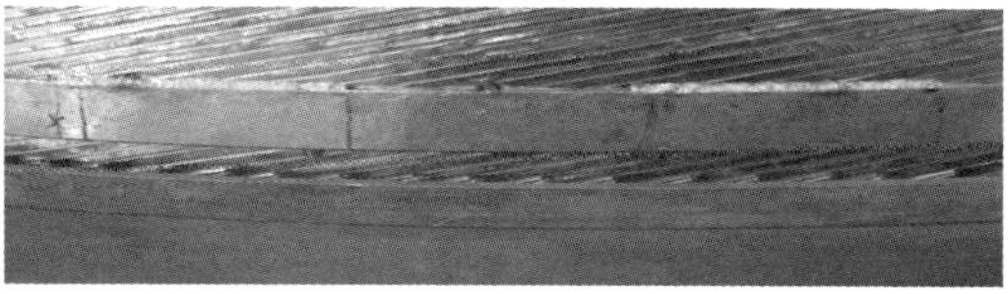

图 5-57
焊缝外观形貌

金相检查宏观照片如图 5-58 和图 5-59 所示。由两图可知，母材与焊缝之间有一个明显的熔合过渡区，其在宏观上是一条很窄的区域，其两侧的焊缝和母材区域明了清晰。该扩散区的存在，使焊缝和母材较好地结合，保证了焊缝强度和整个焊接接头的一致性。热影响区的晶粒度为 5~6 级，组织为奥氏体；母材晶粒度为 7 级，组织为奥氏体。这表明，氩弧-钎焊焊接方法的相对热输入量很小，在焊接过程中并未导致热影响区晶粒严重长大。

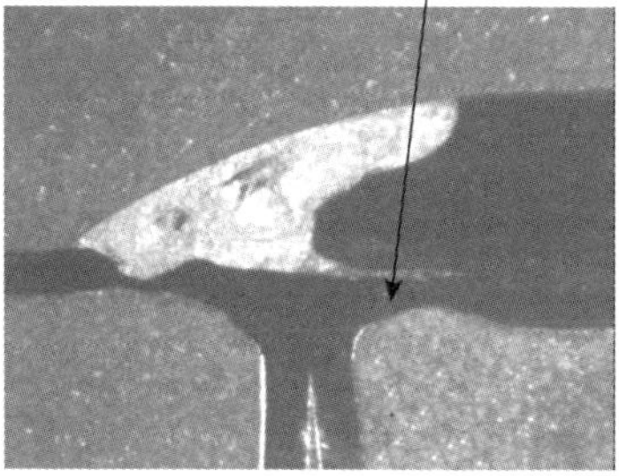

图 5-58
S211 焊缝宏观形貌（14x）

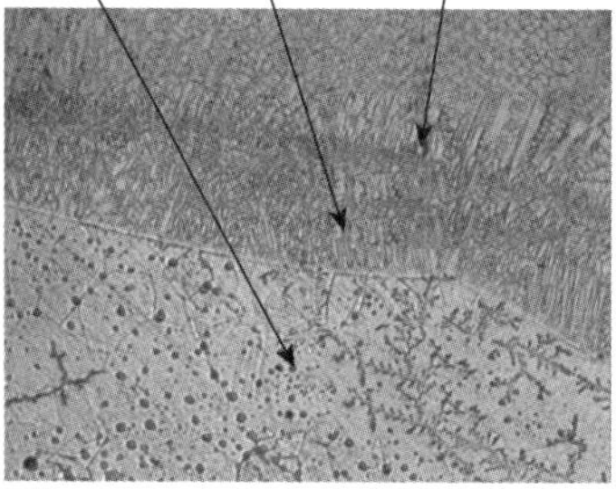

图 5-59
S211 焊接接头宏观图（100x）

对焊缝边缘进行能谱分析，分析结果见表5-34。

表5-34
焊缝边缘化学成分能谱分析表

成分名称	Si	Cr	Fe	Ni	Cu
元素含量（%）	3.55	6.76	3.78	29.29	56.62
	7.75	13.75	6.13	41.04	31.33

由能谱分析得出的成分数据可以看出，焊接材料和母材的各元素之间发生了一定程度的扩散反应，并形成了一定数量的FeCrNiCuSi固溶体组织，把焊缝和母材紧密地联结在一起，有效地保证了焊接接头的强度。

图5-60和图5-61为Ni62焊丝氩弧-钎焊后的接头常温和高温力学性能，试验数据见表5-35。由表中数据可知，650℃高温状态下的抗拉强度数值是常温状态下的72.2%。总体来说，高温强度损失并不明显，此强度完全能够满足产品加强箍焊后的强度要求。

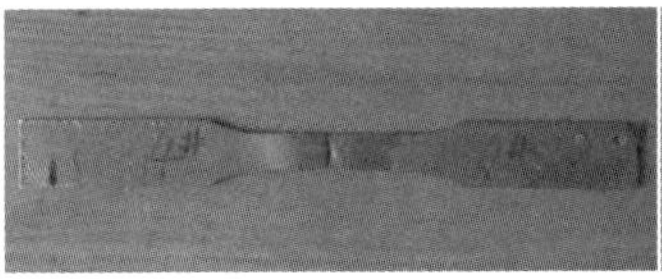

图5-60
常温拉伸试件

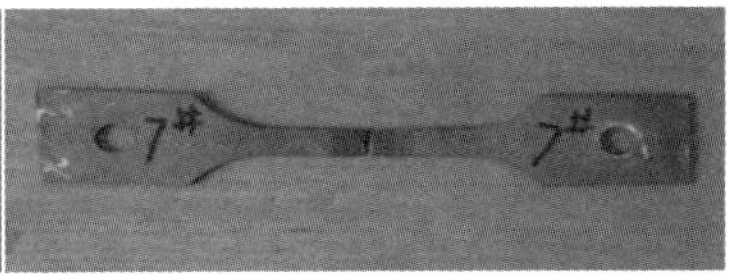

图5-61
高温拉伸试件

表 5-35
Ni62 焊丝氩弧-钎焊接头力学性能

温度	常温	650℃
断裂强度 σ_b（MPa）	697	503

针对喷管与加强箍手工氩弧焊采用的焊接工艺参数见表5-36，焊缝外观形貌见图 5-62。煤油试验检查，未发现渗漏现象。X 线检查，未发现裂纹、气孔等超标缺陷，没有发现焊漏堵塞通道。

表 5-36
氩弧焊焊接参数

焊接电源	焊接电流（A）	焊接速度（m/h）	气体流量（L/min）	钨极直径（mm）
Miller350	I=50~70	7.8	6~8	Φ1.0

图 5-62
焊缝外观形貌

金相检查宏观照片如图 5-63 和图 5-64 所示。从宏观照片中可以看出，焊缝和热影响区组织均为奥氏体组织，晶粒有一定程度的长大。结晶组织为树枝状晶，这种组织结构在焊接接头中具有较好的力学性能。

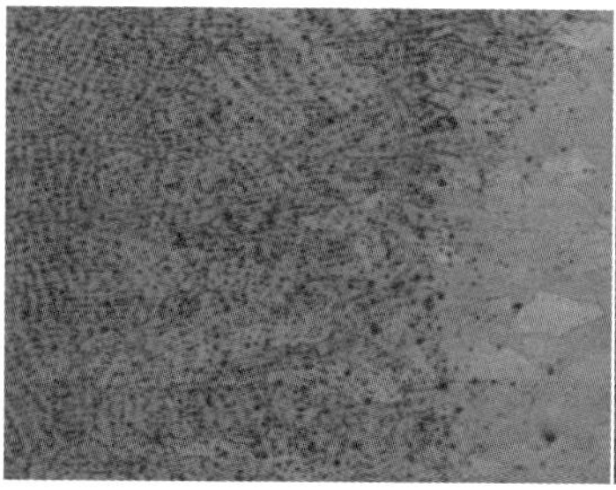

图 5-63
焊缝宏观形貌（50x）

图 5-64
热影响区宏观图（50x）

焊接前用理论型面样板测量喷管的内型面与样板之间的间隙，焊接后再在同样的位置进行测量，同一位置焊接前后间隙变化最大量为 1.9mm，具体数据见表 5-37。

多数测量点的变形量都在 1.0mm 以下，能够满足设计文件和使用要求。

表 5-37
TIG 焊接变形数据表

位置	Ⅰ—Ⅱ象限（距Ⅰ象限角度）				Ⅱ—Ⅲ象限（距Ⅱ象限角度）			
	0°	22.5°	45°	67.5°	0°	—	—	—
变化量	0.05	0.6	1.9	0.5	0.4	—	—	—
位置	Ⅲ—Ⅳ象限（距Ⅲ象限角度）				Ⅳ—Ⅰ象限（距Ⅳ象限角度）			
	0°	22.5°	45°	67.5°	0°	22.5°	45°	67.5°
变化量	1.0	0.8	1.0	0.6	1.0	0	0.7	0.4

由上述结果可知，手工氩弧-钎焊焊接变形小，接头的强度低；氩弧焊焊接变形较大，接头的强度高，两种方法均可满足设计要求。

为了保证加强箍的正常焊接，开展 1∶1 产品焊接试验，制作了专用的焊接夹具，焊接胎采用分层结构，材料选用铝合金。

一方面，通过焊接胎外型面支撑管束焊接组件的内型面，焊接过程中能在一定程度上减少焊接变形的产生；另一方面，铝合金胎体可以在一定程度上起到散热作用。同时，为保证焊接质量，在工艺文件中详细规定了焊接顺序、焊接方向以及详细的焊接工艺过程，包括分段焊缝的长度、焊缝间隔长度以及交错焊接等，这些措施能够有效保证加强箍的焊接质量和控制焊接变形。如图 5-65 所示，按序号 1~8 的顺序依次进行焊接。

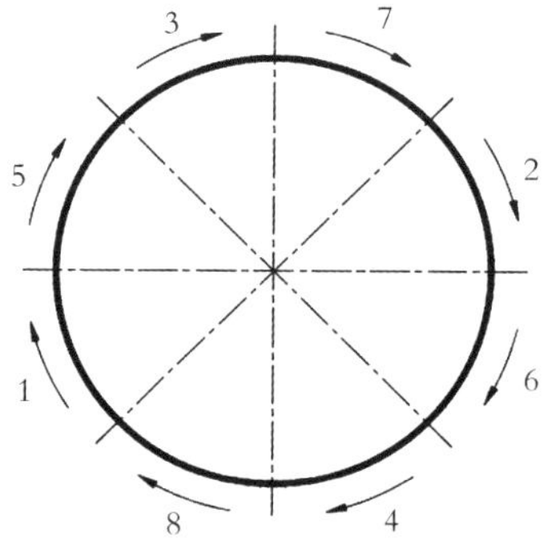

图 5-65
加强箍焊接顺序

第一件 1：1 产品采用了氩弧-钎焊的焊接方法，焊丝选用 S211，采用工艺试验的焊接参数进行小端的加强箍焊接。加强箍的下侧焊缝焊接完成后，并未发现焊缝有任何表面缺陷。待上方焊缝焊接完成后，经目视检查发现，S211 焊缝焊趾处有大量的裂纹存在。

为了减少焊接应力，小端的第二件加强箍改用分段交错的方式焊接。焊接完成后，经 10 倍放大镜检查发现，在焊趾处仍有裂纹存在，裂纹形貌见图 5-66。

第一件 1：1 产品后续加强箍焊接采用了氩弧焊，以及分段、交错的焊接方式，并将焊丝更改为 Ni62。焊缝能够满足 QJ 1842—1995 I 级外观要求，三种加强箍焊后实物如图

图 5-66
焊缝裂纹形貌

5-67、图 5-68 和图 5-69 所示。第二件产品的加强箍焊接全部采用氩弧焊焊接，焊后产品经型面检测发现，间隙在 2mm 以内。产品通过液压、气密试验检查。

图 5-67
加强箍焊接实物一

通过工艺研究和 1∶1 产品焊接质量研究，选用 Ni62 焊丝手工焊接管束焊接组件与加强箍，产品内型面与理论型面的误差在 2mm 之内，加强箍焊接后接头经外观检查合格，液压、气密试验合格，满足设计文件要求。

图 5-68
加强箍焊接实物二

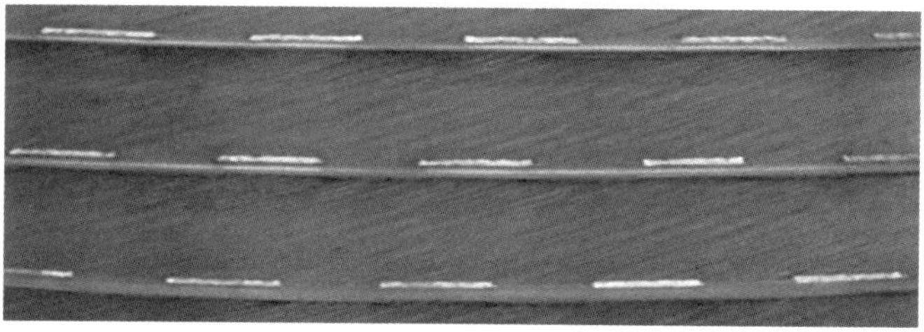

图 5-69
加强箍焊接实物三

第六章 手工焊接质量控制

第一节

影响手工焊接的因素

一、操作人员因素

对焊接工作来说，主要的操作人员就是焊工，也包括焊接设备的操作人员。

不同的焊接方法对焊工的依赖程度不同。如对于手工操作占支配地位的电弧焊接来说，焊工的操作水平和态度直接影响焊缝质量。又如埋弧自动焊，其焊接规范的调整和施焊也离不开人的操作。因此，操作人员对焊缝质量的高低起着至关重要的作用。焊工质量意识差、操作粗心大意、不遵守焊接工艺规程、操作技能差等都会影响焊接质量。

可以从以下几方面减少操作人员因素对焊接质量的影响：加强“质量第一，用户第一，下道工序是用户”的质量意识教育，提高操作人员的责任心，培养其一丝不苟的工作作风，并建立质量责任制；定期进行岗位培训，使其认识到工艺规程的重要性，并从实践上提高操作技能；加强焊接工序的自检与专职检查；执行焊工考试制度，坚持持证上岗，建立焊工技术档案。

二、 机器设备因素

对焊接来说，机器设备就是各种焊接设备。焊接设备质量的稳定性与可靠性对焊接质量会产生一定的影响，特别是结构复杂、机械化和自动化高的设备，焊接质量对其的依赖性更高。因此，焊接设备要具有更好、更稳定的性能。

在压力容器质量体系中，要求建立包括焊接设备在内的各种在用设备的定期检查制度，一般包括以下几方面：定期维护、保养和检修；定期校验焊接设备上的电流表、电压表、气体流量计等计量仪表；建立设备状况的技术档案；建立设备使用人员责任制。

三、 材料因素

焊接使用的材料包括各种被焊材料，也包括各种焊接材料以及与产品配合使用的外购或外协加工的零部件，是保证焊接产品质量的基础和前提。从全面质量管理的观点出发，为了保证焊接质量，从生产过程的起始阶段，即投料之前就要把好材料关。

对材料因素的控制主要有以下措施：加强原材料的进厂验收和检验；建立严格的材料管理制度；实行材料标记移植

制度，以使材料可追溯；选择信誉好、质量好而且质量稳定的供应厂和协作厂订货和加工。

四、 工艺方法因素

工艺方法对焊接质量的影响较大，在影响工序质量的因素中占有重要的地位。工艺方法对焊接质量的影响主要来自两个方面：一是工艺制定的合理性；二是工艺执行的严肃性。

制定某一产品或某种材料的焊接工艺，首先要进行焊接工艺评定，并根据评定合格的工艺评定报告和图样技术要求制定焊接工艺规程，编制焊接工艺说明书或焊接工艺卡。以书面形式表达的各种工艺参数是指导施焊时的依据，是根据模拟生产条件所作的试验和长期积累的经验以及产品的具体技术要求编制出来的，是保证焊接质量的基础。

在此基础上需要保证的是贯彻执行焊接工艺的严肃性。在没有充分根据的情况下，不得随意变更工艺参数。不仅不正确的焊接工艺不能保证焊接质量，即使经评定验证是正确合理的工艺规程，如果不严格执行，同样也得不到合格的质量。工艺制定的合理性和工艺执行的严肃性两者相辅相成，相互依赖，不能忽视或偏废任何一个方面。

对于工艺方法因素的主要控制措施有：按有关规定进行焊接工艺评定；选择有经验的焊接技术人员编制所需的工艺

文件；加强施焊过程中的管理与检查；按要求制作焊接产品试板以检验工艺方法的正确性与合理性。

影响手工焊接质量的工艺参数主要有：焊前准备、焊条的选择、焊接电流、电弧电压、焊接速度、焊接层数、线能量等。

1. 焊前准备

焊前准备的内容包括焊条、焊剂的烘干；焊丝油锈的清除；气体保护焊时气体的干燥；焊接坡口的清理、焊前预热；接头的组装、固定、夹紧或打底焊等。

（1）焊接坡口的制备。

埋弧焊焊缝坡口的制备对焊缝质量起着至关重要的作用。目前工业生产上使用的埋弧自动焊机大多是机械化焊接设备，焊机小车或工件等速转动，无法处理坡口角度、钝边或间隙的误差，不能随时调整焊接速度或其他规范参数来弥补坡口尺寸的偏差。因此，在焊缝坡口的制备过程中，应采取措施保证坡口加工尺寸符合规定标准，对钝边和间隙尺寸必须严加控制。

对于重要的焊接结构（如锅炉、压力容器等），焊缝坡口最好用机械加工方法制备，对无法用机械加工设备加工坡口的焊件，也应采用自动切割机或靠模切割机加工坡口。采用手工火焰切割或离子切割均不能保证达到符合标准要求的坡口尺寸误差，除非切割后再用砂轮修磨整形。因此，正确的焊接坡口加工方法和加工程度要求以及严格的工序检查，无论是对于保证埋弧焊质量，还是降低生产成本、缩短制造周期，都十分重要。

坡口尺寸、钝边、间隙、坡口倾角或U形坡口底部R等超出容许的误差，可能出现烧穿、未焊透、余高过大或过小、未熔合和夹渣等缺陷，焊后必须返修，从而降低生产效率。

焊接坡口的表面状态对焊缝质量也很重要，不应忽视。坡口表面如残留锈斑、氧化皮、气割残渣、潮气和油污等，焊接过程可能引起气孔。因此，焊接操作者在焊接之前应仔细检查焊缝坡口表面：发现锈蚀必须用砂轮打磨清除；对于油污则用丙酮擦净；对于潮气应用火焰加热烘干，以防止焊缝中气孔的形成。在低合金钢和不锈钢的焊接中，焊接坡口的清理更为重要，坡口表面的锈蚀和水分油污不但会引起气孔，而且可能会促使氢致裂纹、焊缝增碳，甚至降低不锈钢焊接接头的耐蚀性和低合金钢接头的力学性能，所以应特别注意。

（2）焊材的准备。

埋弧焊用焊材（焊剂和焊丝）焊前应作适当的处理。进行碳钢埋弧焊时，焊剂在焊前应在300~500℃的温度下烘干，以消除焊剂中的水分，防止焊接过程中形成气孔。进行低合金钢埋弧焊时，碱性焊剂应在400～450℃的温度下烘干，消除焊剂中的结晶水，降低焊缝中的氢含量，避免焊缝出现白点、氢致裂纹等缺陷。在焊前彻底烘干焊剂是低合金钢埋弧焊焊前准备工作的重要环节。

在实际生产中，经常会出现因焊剂未烘干或烘干不彻底而导致的焊缝或热影响区氢致裂纹。在湿度较大（超过85%）的工作环境下，熔炼焊剂在大气中存放24小时后、烧结焊剂在大气中存放8小时后就应按规定的烘干制度重新烘干。碳钢和低合金钢埋弧焊焊丝表面应保持光洁，对于油、锈和其他有害涂料应在焊前清除干净，否则也可能导致焊缝出现气孔。不锈钢埋弧焊焊丝表面应采用丙酮等溶剂彻底清除油污。在厚板焊接中，焊丝消耗量相当大，通用埋弧焊机的焊丝盘容量一般较小。为减少焊缝接头数量，节省更换焊丝的辅助时间，推荐采用大盘焊丝，焊前需将焊丝重新缠绕成盘。

（3）接头的组装。

埋弧焊接头的组装状况对焊接质量有很大影响。间隙和错边直接影响着焊缝的熔透和外表成形，焊前应仔细检查确认。接头的组装误差主要取决于划线、下料、成形和坡口加工的精度，因此，接头的装配质量是通过严格控制前道工序的加工偏差来保证的。特别是在单面焊双面成型焊时，接头的装配间隙是决定熔透深度的重要因素，装配间隙应严格控制，在同一条焊缝上装配间隙的误差不应超过1mm，否则就很难保证单面焊双面成型焊缝的均匀熔透。

焊接接头的错边应控制在容许范围之内，错边超差，不仅影响焊缝外形，还会引起咬边、夹渣等缺陷。接头的错边量应控制在不超过接头板厚的10%，最大不超过3mm。使用焊剂垫时，应将焊剂垫对钢板的压紧力调整到合适的范围，与所用的焊接规范参数相适应。如果焊剂垫的顶压力超过电弧的穿透力，则可能形成内凹超过标准规定的焊缝。相反，则会形成焊瘤等缺陷。

对于需焊条电弧焊封底的埋弧焊接头，推荐采用E5015或E5016等低氢碱性药皮焊条，而不采用E4313、E4303等酸性药皮焊条，因为埋弧焊焊缝与酸性焊条焊缝金属混合后往往会出现气孔。封底焊缝的质量应完全符合对主焊缝的质量要求，不符合质量要求的封底焊缝应采用电弧气刨或其他方法清除后重新按正规的工艺焊接。

2. 焊条的选择

（1）焊条牌号的选择。

通常根据所焊钢材的化学成分、力学性能、工作环境等方面的要求，以及焊接结构承载的情况和弧焊设备的条件等综合考虑，选择合适的焊条牌号，从而保证焊缝金属的性能要求。

（2）焊条直径的选择。

焊件厚度大于5mm应选择直径4.0mm、5.0mm的焊条；反之，薄焊件的焊接，则应选用直径3.2mm、2.5mm的焊条。

在板厚相同的条件下，平焊时选用的焊条直径比其他位置焊缝大一些，但一般不超过5mm；立焊一般使用直径3.2mm、4.0mm的焊条。

仰焊、横焊时，为避免熔化金属下淌，得到较小的熔池，选用的焊条直径不应超过4mm。

进行多层焊时，为保证第一层焊道根部焊透，打底焊应选用直径较小的焊条进行焊接，以后各层可选用较大直径的焊条。

搭接接头、T形接头因不存在全焊透问题，所以应选用较大的焊条直径，以提高生产效率。

3. 焊接电流

焊接时，适当加大焊接电流，可以加快焊条的熔化速度，从而提高工作效率。但是过大的焊接电流，会造成焊缝咬边、焊瘤、烧穿等缺陷，而且金属组织还会因过热发生性能变化。电流过小则易造成夹渣、未焊透等缺陷，降低焊接接头的力学性能，所以应选择合适的焊接电流。

焊接电流的大小主要由焊条直径、焊缝位置、焊条类型来决定，通过焊接经验来调节合适的焊接电流也十分重要。

（1）焊条直径。

焊条直径一旦确定下来，也就限定了焊接电流的选择范围。因为不同的焊条直径均有不同的许用焊接电流范围，若超出许用范围，就会直接影响焊件的力学性能。

（2）焊缝位置。

在相同焊条直径条件下，平焊时，熔池中的熔化金属容易控制，可以适当选择较大的焊接电流，立焊和横焊时的焊接电流比平焊应减小 10%～15%，而仰焊时要比平焊减小 10%～20%。

（3）焊条类型。

在焊条直径相同时，奥氏体不锈钢焊条使用的焊接电流要比碳钢焊条小一些，否则会因其焊芯电阻过热、过大而使焊条药皮过热致脱落。碱性焊条要比酸性焊条使用的焊接电流小一些，否则，焊缝中易形成气孔。

（4）焊接经验。

焊接电流过大时，焊接爆裂声大，熔滴会向熔池外飞溅；熔池也大，焊缝成型宽而低，容易产生烧穿、焊瘤、咬边等缺陷；运条过程中，熔渣不能覆盖熔池起保护作用，而使熔池裸露在外，造成焊缝成型波纹粗糙；过大的电流使焊条熔化到大半根时，余下部分焊条均已发红。

焊接电流过小时，焊缝窄而高，熔池浅，熔合不良，会产生未焊透、夹渣等缺陷；还会出现熔渣超前，与液态金属分不清；有时焊条会与焊件粘结。

当焊接电流合适时，熔池中会发出煎鱼般的声音；运条过程中，以正常的焊接速度移动，熔渣会半盖半露着熔池，液态金属和熔渣容易分清；焊缝金属与母材呈圆滑过渡状态，熔合良好；在操作过程中，有得心应手之感。

4. 电弧电压

手弧焊时的电弧电压主要由电弧长度来决定。电弧长，电弧电压就高；电弧短，电弧电压就低。在焊接过程中，电弧过长，电弧燃烧不稳定，飞溅增多，焊缝成型不易控制。尤其是对熔化金属保护不利，导致有害气体侵入，将直接影响焊缝金属的力学性能。因此，焊接时应该使用短弧焊接，所谓短弧一般认为是焊条直径的0.5~1.0倍。

5. 焊接速度

单位时间内完成的焊缝长度称为焊接速度。对于手弧焊来说，焊接速度是由焊工的操作速度决定的，直接影响焊缝成形的优劣和焊接生产率。焊接速度和电弧电压应在焊接过程中根据焊件的要求、凭焊工的焊接经验来灵活掌握。

6. 焊接层数

当焊件较厚时，往往需要多层焊。多层焊时，后层焊道对前一层焊道重新加热和部分熔合，可以消除后者存在的偏析、夹渣及一些气孔。同时，后层焊道对前层焊道还有热处理作用，能改善焊缝的金属组织，提高焊缝的力学性能。因此，对一些重要的结构，焊接层数多些为好，每层厚度最好不大于4mm。

7. 线能量

线能量是指熔焊时，焊接能源输入给单位长度焊缝上的能量。电弧焊时，焊接能源是电弧。通过电弧将电能转换为热能，利用热能来加热和熔化焊条及焊件。实际上，电弧所产生的热量总有一些损耗。例如，飞溅带走的热量，辐射、对流到周围空间的热量，熔渣加热和蒸发所消耗的热量等，即电弧功率中有一部分能量损失。

五、 特定环境因素

焊接质量对环境的依赖性也是很大的。焊接操作常常在室外露天进行，必然受到外界自然条件，如温度、湿度、风力及雨雪天气的影响，在其他因素一定的情况下，有可能单纯因环境因素造成焊接质量问题。

环境因素的控制措施比较简单：当环境条件不符合规定要求时，如风力较大或雨雪天气时，可暂时停止焊接工作或采取有效防护措施后再进行焊接；气温过低时，可对工件进行适当预热等。

每一个影响焊接质量的因素可以进一步细分为若干个小因素，每一个小因素还可以分解成更小的因素，将各种因素罗列出来，并绘成一种因果图的形式，即列出各种可能导致某种后果的原因，按主次依次排列出来，即为鱼骨图。鱼骨图是一种进行质量分析的工具，根据长期实践经验可知，将影响质量的各因素都归纳于图中，一旦出现质量事故，在查找原因时可从因果图中逐一分析、排除，最终总会查出造成焊接质量不合格的一个或几个原因，并在接下来的焊接工作中予以纠正和排除。

第二节

手工焊缝应力控制

一、焊接应力的种类

由于受焊接过程中的受热、冷却速度以及结构等因素的影响，在焊接结构中通常存在较多的焊接应力。按其产生原因和性质可分为：热应力、拘束应力、相变应力、氢致应力以及焊接残余应力。

1. 热应力

热应力是指在焊接过程中由于不均匀加热和冷却而引起

的应力，它是焊接过程中变化的瞬时应力。

2. 拘束应力

拘束应力是指在焊接过程中由于结构本身或外加拘束作用而引起的应力，如刚性工装或刚性结构件。

3. 相变应力

相变应力是指在焊接过程中由于接头区产生不均匀的组织转变而引起的应力，如马氏体转变。

4. 氢致应力

氢致应力是指焊接以后焊接接头区由于扩散氢聚集在显微缺陷处而引起的局部应力。

5. 焊接残余应力

焊接残余应力是指在焊接以后存在的与结构内部的应力。

焊接应力的大小与焊接材料、焊接环境温度、结构、焊接工艺、线能量、焊接顺序、焊接工装等因素有关，各类焊接应力存在叠加或消除的可能。

二、 焊接应力的危害

在焊接过程中或焊接后，某些应力叠加达到一定程度后，将对焊接结构件造成质量隐患。

1. 焊接裂纹

在温度、组织及结构刚性拘束度的相互作用下，焊接应力达到一定值后将造成热裂纹、冷裂纹及再热裂纹，会对结构件的焊接质量产生潜在的危害，甚至导致结构件的报废。

2. 降低结构件承载能力

焊接应力易造成结构件的强度降低、塑性变形等安全问题。

3. 应力腐蚀

拉伸残余应力的存在，使工作在腐蚀介质中的结构产生应力腐蚀开裂，引起应力腐蚀和低应力脆断。

4. 结构尺寸的稳定性

焊后加工易造成内应力平衡的破坏，引起结构件变形或加工尺寸不稳定。为降低应力带来的危害，通常采取以下措施降低或消除焊接应力：

（1）采用合理的焊接顺序和方向。

基本原则是焊接平面上的焊缝时，应使纵、横向收缩都比较自由，结构中收缩量最大的焊缝应先焊，如先焊对接焊缝，后焊角接焊缝。焊交叉焊缝时，焊接顺序应保证交叉点部位不易产生缺陷，且刚性较小。

（2）尽量采用小的焊接线能量。

小的焊接线能量可以减少不均匀加热区的范围及焊缝收缩量。通常手工操作可采用小直径焊条/焊丝、多层多道焊等焊接手段。

（3）进行整体预热。

整体预热可以减少焊接接头区与结构整体之间的温度差，以减少焊接热循环中不均匀的热胀收缩带来的应力而造成的结构件变形等问题。

（4）锤击法。

焊后对焊道迅速均匀地锤击，通过金属的变形来释放焊接过程中造成的焊接应力。

（5）降低氢的影响。

主要针对具有冷裂倾向的高强度合金钢，通常对焊条或焊剂进行约束，保证焊接时的干燥。

（6）消除应力处理。

消除焊接残余应力是通过使焊接区附近拉伸塑性变形，减小残余塑性变形程度。

三、焊后热处理

焊后热处理对金属抗拉强度、蠕变极限的影响与热处理的温度和保温时间有关。焊后热处理对焊缝金属冲击韧性的影响随钢种不同而不同。

焊后热处理一般选用单一高温回火或正火加高温回火处理。对于气焊焊口，应采用正火加高温回火热处理，因为气焊的焊缝及热影响区的晶粒粗大，需要细化晶粒。然而单一的正火不能消除残余应力，需再加高温回火以消除应力。单一的中温回火只适用于工地拼装的大型普通低碳钢容器的组装焊接，其目的是部分消除残余应力和去氢。绝大多数场合是选用单一的高温回火。热处理的加热和冷却不宜过快，力求内外壁均匀。

常用的加热方法有：

1. 燃料加热法

燃料加热法所用燃料有固体（煤）、液体（油）和气体（煤气、天然气、液化石油气）。

（1）燃煤加热。煤的性质和燃烧炉的结构决定了煤不易完全燃烧，因而煤炉热效率低，加热质量和劳动条件差，且煤烟污染环境。

（2）液体燃料加热。主要使用重柴油作燃料，适用于大型加热炉加热，也用于外热式盐浴炉的加热，一般在炉子加热室外墙一侧或两侧安装喷嘴。液体燃料用于加热外热式盐浴炉时，喷嘴安装在坩埚外的炉壳上。液体燃料在喷嘴中与空气混合，并在压缩空气的作用下雾化，然后从喷嘴喷出，在加热室中（或在盐浴炉的坩埚外）燃烧，以加热工件（或坩埚）。喷嘴的合理设计与布置，对保持炉温均匀、节省燃料起着关键作用。喷嘴喷出的雾化油也可以在炉内的辐射管中燃烧，加热辐射管以间接加热工件。燃油比燃煤更容易控制加热温度，适用于大件整体的加热和供油量充足的地区。

（3）气体燃料加热。在喷嘴中，气体与一定比例的空气混合后喷出燃烧，这种方法可直接为放在加热室中的工件加热，也可以把火焰喷入装在加热室中的辐射管，间接加热工件。用于盐浴炉时，喷嘴装在坩埚外的炉壳上，火焰射向坩埚外侧以加热熔盐。用于加热的气体燃料有煤气、天然气和液化石油气等。调节空气与气体的比值可以获得氧化或还原的燃烧气氛，从而减少工件加热时的氧化脱碳程度。这种加热方法适用于大件整体加热和燃气供应充足的地区。

还有一种方式是用喷嘴的火焰直接加热工件表面，这时喷嘴和工件作相对移动，所用气体为氧-乙炔、氧-丙烷、氧-甲烷等。这种加热方法即火焰淬火，适用于工件的表面淬火。

2. 电加热法

电加热法是指以电为热源，通过各种方法使电能转变为热能以加热工件。电加热时，温度易于控制，无环境污染，热效率高。

（1）电热元件加热：利用工频（50~60HZ）交变电流通过电热元件时产生的电阻热加热工件。电热元件常布置在加热室内四周或两侧，以保证加热室内温度均匀，也有把元件装在辐射管内对工件间接加热的。对于外热盐浴炉或金属浴炉，则把电热元件布置在坩埚外、壳体内的空间，也可用于氧化铝粒子的浮动粒子炉。这一加热方法适用于在电能充足的地区对工件整体加热。

（2）工件电阻加热：降压后的交变电流直接通过工件，由工件本身电阻产生热量使工件温度提高，适用于对截面均匀的工件进行整体加热。还有一种方式是将滚动铜轮压在金属工件上，通以低电压、大电流的交变电流，利用铜轮与工件间的接触电阻产生热量而加热工件表面。

（3）工件感应加热：把工件放在一个螺旋线圈内，线圈中通以一定频率（一般高于工频）的交流电，使放在线圈中的工件产生涡流电流，利用工件本身的电阻产生热量而加热。加热的深度可随电流频率提高而变浅，称为感应加热热处理。感应加热主要用于加热工件表面，但采用较低频率而工件直径比较小时，也可以进行整体加热。这种加热方法效率高、耗电少，多用于中、小零件的加热淬火。

（4）加热介质电阻加热：将工业频率的低压交变电流导入埋在介质中的电极，利用电流流过介质时产生的电阻热使介质本身达到高温。工件放在这种高温介质中进行加热，可以减少或避免氧化脱碳。这种介质都是导电体，如盐、石墨粒子等。加热炉的炉型有内热式盐浴炉和石墨浮动粒子炉，这种加热方法主要用于中、小零件的加热淬火。

3. 能源加热法

能源加热法是指以很大的功率密度加热工件表面，加热时间以毫秒计，采用的热源有太阳能、激光束和电子束等。

（1）太阳能加热：以聚光式太阳能加热器加热工件。

（2）激光束加热：利用 CO_2 连续激光发生器产生的激光，经过聚焦产生高温射束照射工件，使工件局部表面薄层瞬时达到淬火温度或熔化温度。照射停止后，表面热量迅速传入基底材料而使表面淬硬或迅速凝固。利用激光束加热的工艺有相变硬化淬硬、表面“上光”后快速凝固、表面合金化等。使用反射镜可以改变光束的方向，所以这种方法最适用于内壁（如汽缸套）加热，但热效率较低。

（3）电子束加热：利用高速运动的电子轰击工件表面，使很高的动能迅速转变为热能，将工件表面温度迅速提高到淬火温度或熔化温度。照射停止后，表面热量在瞬时间即可传入冷态的基底材料而淬硬或迅速凝固。与激光加热一样，电子束加热的工艺也有相变硬化、表面“上光”和表面合金化等。由于加热需要在真空室内进行，工件批量受到一定限制，但热效率较高。

第三节

手工焊接变形控制

一、 焊接变形的种类

1. 线收缩变形

线收缩变形是指由焊缝纵向或横向收缩所引起的结构尺寸相应缩短。

2. 角变形

角变形是指由焊缝截面形状不对称或施焊层次不合理而引起的焊缝在厚度上横向收缩量不一致所产生的变形。

3. 弯曲变形

弯曲变形是指由于结构上焊缝分布不对称或焊件断面形状不对称，导致焊缝纵向或横向收缩引起结构轴线弯曲所产生的变形。

4. 波浪变形

波浪变形是指焊缝纵向或横向收缩使结构拘束度较小的部位受压失去稳定而引起的变形。

5. 扭曲变形

扭曲变形是指由于装配不良、施焊顺序不合理、焊缝纵向或横向收缩不均匀所引起的结构扭曲。

二、焊接变形的危害

焊接变形的危害主要是降低装配质量，影响结构的承载能力，在外载作用下将会产生应力集中和附加应力，降低结构的安全系数。

三、焊接变形预防措施

焊接变形主要以预防为主、矫形为辅，但对刚性大的结构件基本无法矫形。预防焊接变形的主要措施有：

1. 设计措施

设计措施主要是降低焊角尺寸、合理分配焊缝位置、合理选择焊缝尺寸、优化焊缝数量、优选对称焊缝。

2. 预留收缩余量

依据焊缝的结构和宽度，预留一定的横向和纵向收缩余量。手工焊自由状态下的焊缝，同一条对接焊缝横向收缩量相当于纵向收缩量的2倍以上，且对接比角接收缩量大，连续焊比断续焊收缩量大。因此，焊缝不长时，主要考虑横向收缩，其收缩量与接头、坡口、板厚等有关。

3. 反变形

反变形主要是针对焊接结构件预估或仿真模拟焊接结构件的变形大小和方向，先反向变形，使焊后与焊接变形相抵消，使焊后无需校形，满足设计要求。

4. 刚性工装

通过外加工装增加焊接结构件的刚性，减小焊接过程中的焊接变形。

5. 合理安排装配焊接顺序

合理的装配焊接顺序应遵循的基本原则如下：正在施焊的焊缝应尽量靠近结构截面的中性轴；对于焊缝非对称布置的结构，装配焊接时应先焊焊缝少的一侧；焊缝对称布置的结构，应由偶数焊工对称地施焊；长焊缝焊接时，选择正确的焊接方向和焊接顺序；相邻两条焊缝的焊接，选择正确的焊接方向和顺序。

6. 热调整

热调整是指通过合理选择焊接方法、焊接工艺参数以及焊接顺序，调整热量分布。

第四节 焊接操作方法控制

一、 普通单一焊接接头形式结构的焊接

普通单一焊接接头形式结构的焊接主要是指同种材料相同厚度的基本焊接接头结构形式的焊接。

焊接接头的基本形式有四种：对接接头、T形接头、角

接接头和搭接接头。

对接接头是将两块钢板的边缘相对配置，并使其表面成一条直线而结合的接头。对接接头能承受较大的静力和振动载荷，是焊接结构中最常用的接头形式，其焊接过程易于控制，易于获得优良的焊接接头质量。

T形接头是两个构件相互垂直或倾斜成一定角度而形成的焊接接头。T形接头焊接操作时比较困难，整个接头承受载荷的能力，特别是承受振动载荷的能力比较差。由于结构件组成的复杂多样性，T形接头也是在焊接结构中较为常见的形式之一。焊接过程需要经过严格的校核计算，并在具体的工程实践中按照设计和工艺文件要求严格执行。

角接接头是将两块钢板配置成直角或一定的角度，而在板的顶端边缘上焊接的接头。角接接头不仅用于板与板之间的有角度连接，也常用于管与板之间或管与管之间的有角度连接，焊接过程具有与T形接头相似的操作特点。

搭接接头是将两块钢板相叠，而在相叠端的边缘采用塞焊、开槽焊进行焊接的接头形式。搭接接头的强度较低，只能用于不太重要的焊接构件中。但在火箭发动机产品中，搭接焊缝也成为关键焊缝，所以，焊接过程也需严格把握设计技术要求、相关工艺技术要求和焊缝成型系数。

二、 普通复合焊接接头形式结构的焊接

普通复合焊接接头形式结构是根据产品结构的使用需求而设计采用的两种或两种以上的基本焊接接头组合形成的焊接接头，如对接与角接组合形成的焊接接头结构形式，T 形接与搭接组成的焊接接头结构形式，对接、角接和搭接组合的焊接接头结构形式以及角接、搭接、T 形接组成的焊接接头形式结构等。

复合焊接接头形式结构由于组合形式较为复杂，因此，其接头受力状态、应力趋向也较为复杂，操作中需采用对应性的控制方法才能获得良好的使用效果。

三、 焊接可达性差结构的焊接

随着型号产品性能的不断提升，为适应复杂应用的需求，焊接结构设置也越来越复杂，尤其是为了满足结构承载力的需求，型号产品内、外部结构，传力筋板及泵支架等纵横交错。其间，还存在封闭式的焊接结构，使施焊过程中的焊接可达性问题也更加突出。

焊接结构顾名思义就是通过焊接方法制造的结构，因此，可达性包括焊接的可达性和焊接质量检验的可达性。原则上来说，焊接结构上的每一条焊缝都应该能方便施焊，需要质量检验的焊缝应该能顺利地进行探伤。

焊接可达是指要使每条焊缝都能施焊，就必须保证焊缝

周围有焊工自由操作和焊接装置正常运行的条件。焊接质量可达就是要保证采用的探伤检测手段能顺利实施和应用在被检测焊接结构中。

对可达性差的焊接结构，一般通过改变焊接方法、重组焊接顺序、优化结构、开设工艺孔及焊炬小型化等方法，单一或互相结合予以解决。

四、 操作姿态难度高结构的焊接

现代动力型号产品越来越朝着压力高、比推大的方向发展，其产品也越来越大型化和复杂化。由于结构和焊接特性的要求，需要使产品或焊接节点（施焊处）处于较理想的位置，而空间位置的变化和限制也给操作人员带来了很多限制，有时需要难度很高的姿态调整，才能达到施焊要求，从而保证焊接节点的焊接质量。

对操作姿态难度高的焊接，一是需要通过改进焊接设备和焊接工装来延伸或扩大焊接节点的限制范围；二是要通过技能培训提高操作人员的技术能力，以满足操作姿态难度高结构焊接的需要；三是要通过技术创新降低操作姿态难度；四是要严格固化难操作产品的相关操作流程和规范，以确保难操作焊接节点的焊接质量。

五、 焊接可视性差结构的焊接

不同型号产品结构由于使用要求和应用工况的复杂性，

往往结构复杂多变，各功能结构间相互干扰较多，存在着在焊接过程中对焊接节点（施焊处）的局部区域难以有效观测的问题，使得难以有效控制焊接过程和质量，即焊接可视性差。

对于这类结构焊接问题的解决，一般也需要从产品优化流程的角度去考虑，即优化设计、操作过程、工艺及工艺顺序等。

由于发动机产品各应用结构空间位置局限，虽然已经尽最大努力去规避这一问题，但仍有部分或局部位置的焊接节点（施焊处）处于视线遮挡或半遮挡状态。对于这种存在焊接操作可视性极限点问题，除了采用产品优化流程方法，还可以采用镜像法和盲焊法。

镜像法即利用反射镜影像进行焊接操作控制。盲焊法是利用焊炬与产品的相对距离，并参照正常的焊接熔融时间进行非观测点施焊的操作方法，或是有支撑依靠进行非观测点施焊的操作方法。

六、 非对称导热结构的焊接

非对称导热结构的焊接是待焊的材料或产品结构两边由于材料的导热系数的差异和产品结构不对称带来的导热比值方面的差别。

在型号产品焊接中存在着大量此类焊接结构。由于产品在使用过程中的严谨性，要求必须保证实施过程和结构连接的高可靠性，才能满足实际需求。为了达到这一技术要求，在具体的焊接实践中，应采用经过严格考核并经过成熟工艺试验的、可靠的焊接工艺方法和手段。

对于非对称导热结构的焊接一般采用电弧热量偏置法、工艺结构减缓法、增加电弧热熔性工艺法和高能高束效能集中的焊接方法。

电弧热量偏置法即在非对称导热结构焊接中，将电弧压低并使电弧及热量尽量多地作用于导热性好的结构或材料一侧，形成稳定、可靠连接的焊接方法。

工艺结构减缓法即在非对称导热结构焊接中，利用附加导热装置或开工艺减缓槽（孔）的方法来平衡由于材料或结构导热性差异带来的电弧熔融不均衡的焊接方法。

增加电弧热熔性法即利用可增加电弧热量的富氩保护气体（$Ar+H_2$、Ar+He）等或熔剂焊接，来减弱由材料及结构导热性差异引起的焊接熔融不均匀过程的焊接方法。

高能高束效能集中法即利用激光、电子束、等离子、超声、电磁等高能高束效能集中的焊接方法，来规避由于导热性差异造成焊接能量偏移引起不稳定连接的焊接方法。

七、 大壁厚差焊接结构的焊接

大壁厚差焊接结构是指相配对或组合在一起的待焊接头的壁厚差相差较大（几倍、十几倍、甚至是几十倍）的焊接接头。一般情况下，此类焊接接头既要满足不同部段性能的使用要求，又要满足设计和焊接标准的要求。因此，必须采用对应工艺措施才能保证产品的焊接接头处于稳定可靠的合格技术状态。

在典型材料复杂结构且温度突变的高压容器产品制造中，大量存在着大壁厚差焊接结构，如型号产品系统中各类泵、阀组件上的波纹管、膜盒等产品，航空、航天发动机喷管结构产品等都存在着大壁厚差焊接接头。对于此类焊接接头一般应该从设计、工艺、操作的方面去控制，才能获得符合产品使用技术要求的合格的焊接接头。

设计方面：由于大壁厚差焊接结构的焊接接头本身就存在着很大的操作控制难度，因此，从焊接接头结构布局的角度来讲，就应该着重考虑焊接操作过程中的可达性和可控性（易于控制的焊接形式和焊接位置）问题，把此类焊接接头设计在操作空间比较开敞、易于操作人员对焊接过程进行控制和观测的位置。例如，对接平焊和横焊位置，尽量不要采用其他接头形式的立焊和仰焊位置（焊接操作位置难度从小到大依次为：平焊、横焊、立焊、仰焊）。

工艺方面：从工艺结构、工艺方法到装配工艺等方面都应该进行很好的协调和组合运用，才能获得可靠的工艺技术保障。一是利用结构的工艺控制部分，尽量减少焊接接头结构的厚薄差趋势。二是尽量采用电弧热量能束高的焊接方式，如采用高能束焊接和富氩焊接等来规避焊接热输入带来的影响。三是通过装配工艺、焊接工装约束等来防止装配间隙和焊接变形的影响。

操作方面：无论采用哪种焊接加工方式，都应该在操作过程中严格控制大壁厚差焊接接头的能量偏置问题，高能束焊接要注意束流的切入位置和角度。焊条或气体保护电弧焊则应采用短弧焊与电弧热量偏置控制相结合的方法，如在尽量压低电弧的前提下，根据焊接接头厚薄差热输入量的需求来决定电弧偏置到焊接接头壁厚结构一侧位移量的方法。

八、 材料焊接性差结构的焊接

焊接性是指金属材料在采用一定的焊接工艺包括焊接方法、焊接材料、焊接规范及焊接结构形式等条件下，获得优良焊接接头的难易程度。

焊接性能包括以下两方面的内容：

一是接合性能，即某金属材料在一定焊接工艺条件下形成焊接缺陷的敏感性。决定接合性能的因素有工件材料的物理性能，如熔点、导热率和膨胀率，工件和焊接材料在焊接时的化学性能和冶金作用等。当某种材料在焊接过程中经历物理、化学和冶金作用而形成没有焊接缺陷的焊接接头时，则可以被认为具有良好的接合性能。

二是使用性能，即某金属材料在一定的焊接工艺条件下其焊接接头对使用要求的适应性，也就是焊接接头承受载荷的能力，如承受静载荷、冲击载荷和疲劳载荷等，以及焊接接头的抗低温性能、抗高温性能和抗氧化、抗腐蚀性能等。

对于钢材来说，焊接性能的好坏主要取决于化学组成，其中影响最大的是碳元素，也就是说金属含碳量的多少决定了它的可焊性。钢中的其他合金元素大部分也不利于焊接，但其影响程度一般都比碳小得多。钢的含碳量增加，淬硬倾向就增大，塑性则下降，容易产生焊接裂纹。通常，把金属材料在焊接时产生裂纹的敏感性及焊接接头区力学性能的变化作为评价材料可焊性的主要指标。

钢材的含碳量越高，可焊性越差。所以，常把钢的含碳量作为判别钢材焊接性的主要标志。含碳量小于 0.25%的低碳钢和低合金钢，塑性和冲击韧性优良，焊后的焊接接头塑性和冲击韧性也很好，焊接时不需要预热和焊后热处理，焊接过程简便，因此具有良好的焊接性。随着含碳量的增加，焊接的裂纹倾向也会大大增加，所以，含碳量大于 0.25%的钢材不应用于制造锅炉、压力容器的承压元件。

可进行碳当量（CE）估算，其经验公式如下：

$$CE = w(C) + 1/6[w(Mn)] + 1/5[w(Cr) + w(Mo) + w(V)] + 1/15[w(Ni) + w(Cu)]$$

根据经验：

当 CE<0.4%～0.6%时，钢的焊接性良好，应考虑预热。

当 CE＝0.4%～0.6%时，钢的焊接性相对较差。

当 CE>0.4%～0.6%时，钢的焊接性很不好，必须预热到较高温度。

针对以上分析，解决材料焊接性差的方法应从以下两个方面考虑：一是靠加热焊接来改善焊接温度场的影响，或是改善材料的组织结构和机械性能。二是通过控制焊接填充材料（焊条、焊丝）的化学成分，来改善焊缝金属冶金过程和金相组织变化。实践中往往二者兼用，来解决材料焊接性差结构的焊接难题。对于当材料 CE <0.4%～0.6%时也出现焊接裂纹倾向的焊接材料，一般应考虑减小焊接热输入、减小焊接结构应力的操作方法，以达到控制焊接裂纹倾向的目的。

第五节

手工焊缝检测控制

一、 金相检测

焊接金相检测主要是观察、研究由于焊接热过程和冶金造成的金相组织变化和微观缺陷，从而评价焊接材料、焊接工艺等的正确性。

金相检测分为宏观金相检测和微观金相检测。宏观金相检测是通过宏观组织和宏观端口分析了解焊缝一次结晶组织的粗细程度、熔池形状、焊缝断口，用以判断焊缝的未熔合、气孔、裂纹、未焊透等缺陷。经过宏观金相检测，焊缝需没有裂纹、疏松、未熔合等缺陷才能评定为合格。微观金相检测是在光学或电子显微镜下进行分析，确定焊缝的内部微观缺陷。

金相检测主要是一种破坏检测，无法对正式产品进行判定。为保证正式产品焊缝质量，尤其要进行无损检测的焊缝的质量，可剖切旁证件进行金相检测，以确认确定的人员、工艺参数、设备和环境等条件下焊接产品的合格性。

二、X线检测

手工焊缝的常见内部质量无损检测方法是X线无损检测技术。X线检测是基于被检件透入射线的不同吸收来检测零件内部缺陷的无损检测方法。由于零件各部分密度差异和厚度变化，或者成分改变导致的吸收特性差异，零件的不同部位会吸收不同量的透入射线，X线无损检测技术便是通过记录透过试件被吸收的射线而形成的不同黑度影像来进行检测。

从X线检测原理可以得出，射线源、被检工件、胶片之间不能有干扰射线透入的结构，否则将无法评定底片影像黑度变化是被检测工件本身引起的还是其他结构造成的，无法达到射线检测的目的。

1. 影像识别

（1）加强无损检测评片与设计、工艺、透照之间的交流：了解焊接接头实际结构、尺寸；对于特殊结构件，应查看焊接装配的实际结构；了解因装配或施焊等原因接头部件位置发生的变化，如错位，翘起等；了解焊件返修情况；了解焊接工艺以及该种焊接工艺缺陷情况；了解透照情况（射线束、工件与胶片相对位置）及洗片情况。

（2）应区分以下对应关系：焊接接头结构与底片影像的关系；底片影像的形状、黑度、位置、尺寸等与影像性质的关系；缺陷影像与结构性影像的区别；内部缺陷与表面问题的区别；缺陷与伪缺陷的区别。

（3）特殊影像性质判别：底片上对应焊缝根部中心位置存在连续性黑线，应定为根部未焊透缺陷；对于可造成焊渣、氧化物等的焊接工艺，其底片上对应焊缝根部中心部位存在断续性的不明显黑线，不属于未焊透缺陷，应为焊渣、氧化物残留在根部造成的；对于位于焊缝根部中心部位外的黑线，应排除未焊透缺陷，因为未焊透影像位于焊缝中心，黑线的位置是区分两者的最根本条件。

2. 典型缺陷影像

(1) 裂纹。

裂纹是在焊接应力及其他致脆因素共同作用下，焊接接头中局部地区的金属原子结合力遭到破坏而形成新界面所产生的缝隙。它具有尖锐的缺口和大的长宽比的特征。

裂纹在底片上的影像为细黑线或者曲线，两端尖锐，有的呈线性，有的呈辐射线状，有的呈簇状。典型裂纹影像底片如图 6-1 所示。

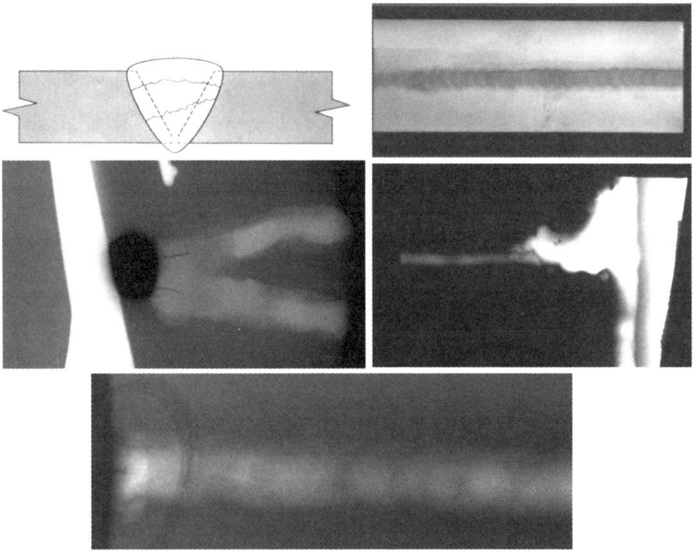

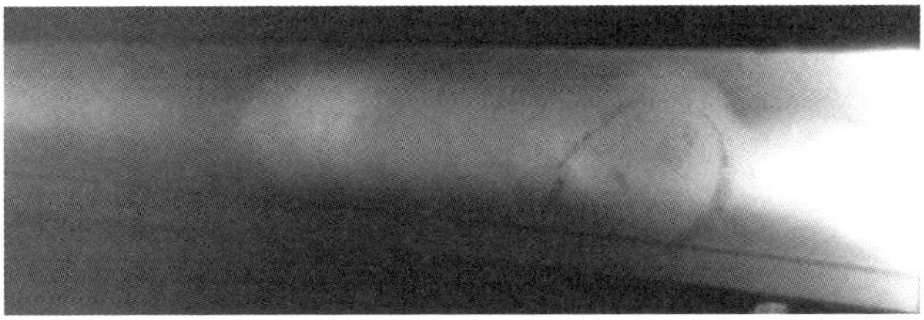

图 6-1
典型裂纹影像

（2）未焊透。

未焊透为焊接时接头根部未完全熔透的现象。对某些焊接接头来说，未焊透也指焊缝深度未达到设计要求。未焊透时，在底片焊缝根部存在连续或断续的黑直线或黑直条，影像两侧均为直边。典型未焊透影像底片如图 6-2 所示。

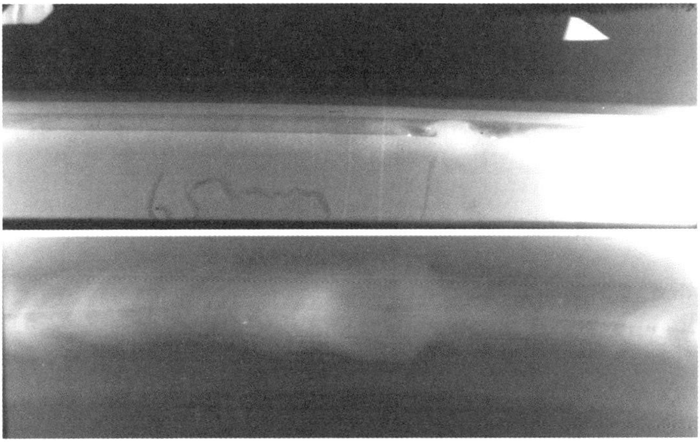

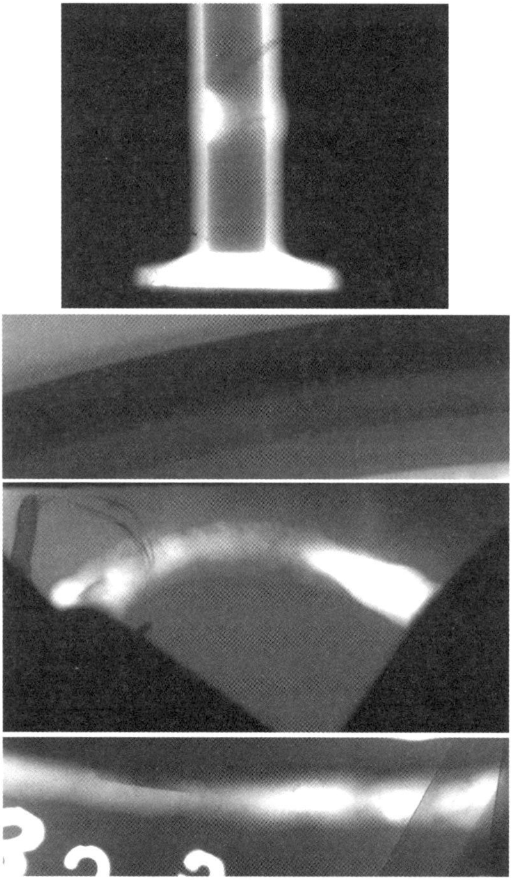

图 6-2
典型未焊透影像

（3）气孔。

气孔为焊接时熔池中的气泡里的气体在凝固时未能逸出

而残留下来所形成的空穴。气孔分为分散气孔、连续（链状）气孔与密集气孔。在底片上的影像，气孔黑度大于背景黑度，呈黑色的斑点状。典型气孔影像底片如图 6-3 所示。

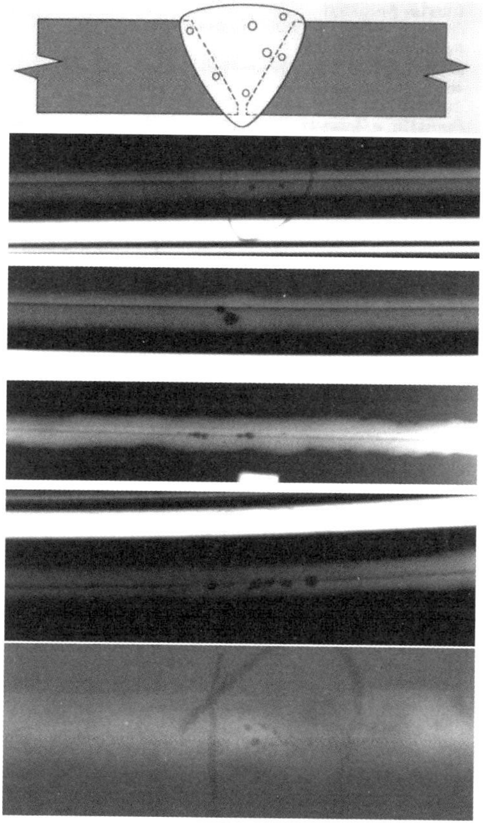

图 6-3
典型气孔影像

（4）夹杂物（夹钨）。

夹杂物是由于焊接冶金反应而产生的，是焊后残留在焊缝金属中的杂质。夹杂物在底片上的影像的黑度大于背景黑度，呈黑色的不规则的斑点状或条状。当夹杂物较小时，其影像难以与气孔影像相区别。典型夹杂物影像底片如图 6-4 所示。

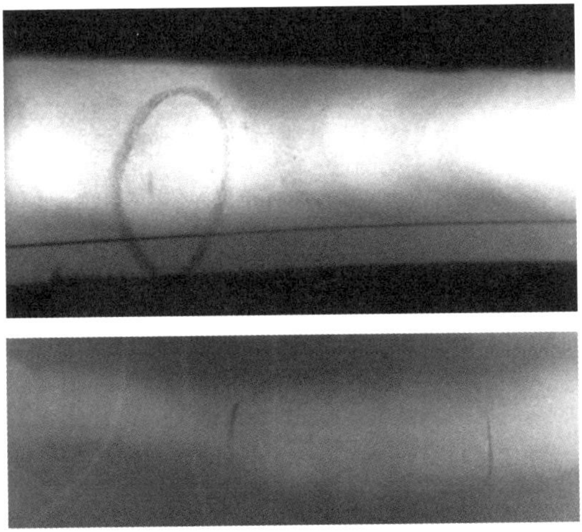

图 6-4
典型夹杂物影像

夹钨为进行钨级惰性气体保护焊时，由钨极进入焊缝的钨粒造成的现象。夹钨在底片上的影像黑度远小于（白于）背景黑度，呈亮白色斑点状。典型夹钨影像底片如图6-5所示。

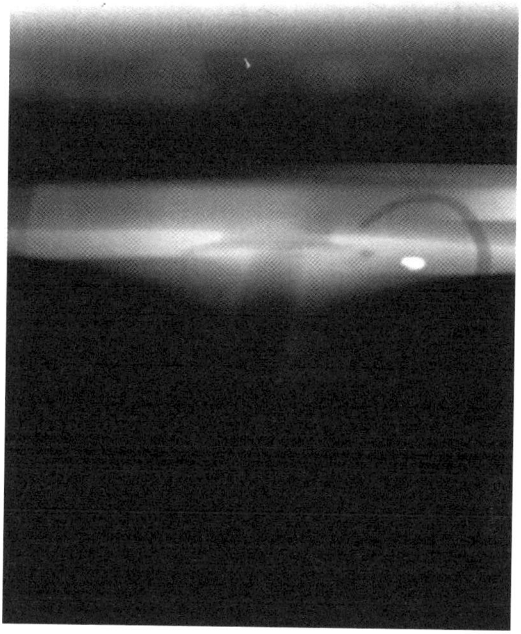

图 6-5
典型夹钨影像

（5）咬边。

咬边为焊接过程中造成基本金属的溶蚀。典型咬边影像见图 6-6。

（6）内部未熔合。

内部未熔合无损检测如图 6-7 所示。

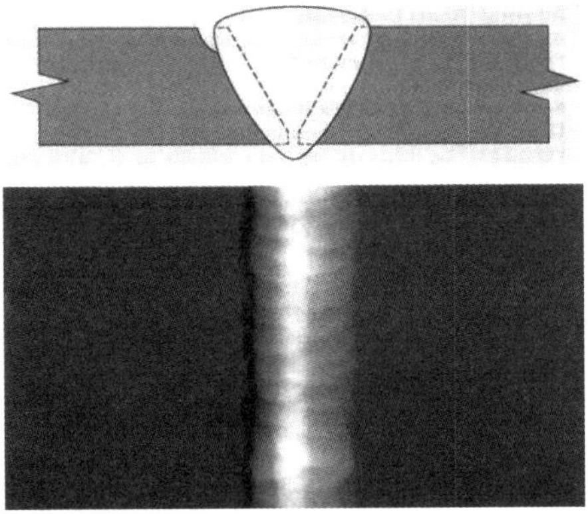

图 6-6
典型咬边影像

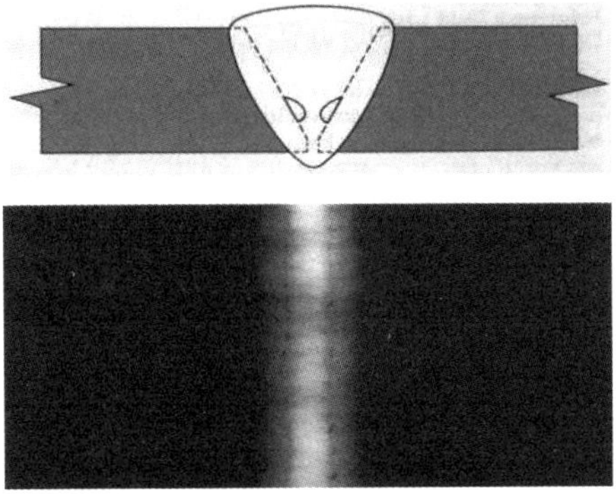

图 6-7
典型内部未熔合影像

三、 超声波探伤

超声波探伤是利用频率高于 20000Hz 的电磁波传入金属

材料的内部，在不同介质界面上发生反射来检验工件内部质量的一种方法，是一种探测灵敏度很高的无损检测方法。其原理是超声波通过探测表面的耦合剂将超声波传入工件，超声波在工件中传播，遇到缺陷和工件表面就反射到探头，由探头将超声波转变成电讯号，并传至接收放大的电路中，经检验后在示波管荧光屏的扫描线上出现表面发射波（始波）、缺陷反射波和表面反射波，从而根据发射波和缺陷反射波之间的距离来决定缺陷距离工件表面的位置。

下面是一些典型焊接缺陷的波形特征。

1. 气孔

气孔一般为单个气孔或密级气孔，为球型，发射面积较小，在荧光屏上单纯出现一个尖波，波型比较单一，较稳定。

2. 裂纹

裂纹的发射面积比气孔的大，并较为曲折，在荧光屏上往往出现锯齿较多的光波。

3. 夹渣

夹渣本身形状不规则，表面粗糙，所以波型由一串高低不同的小波合并而成，波的根部较宽。

4. 未焊透

未焊透位置一般在焊缝中心线上，有一定的长度，反射面积大，波幅较高。

第七章

手工焊接工艺及生产管理方法探讨

第一节

手工焊接的未来应用及发展趋势分析

一、手工焊接在工业领域的应用价值

焊接是加工制造领域中应用较为广泛的一项热加工工艺技术。对于焊缝轨迹规则的产品，较容易通过变位机的运行代替手持焊具的运动，进而实现自动焊，并在管道制造、壁板拼接等工业领域体现出其明显的成本、效率及质量一致性优势。

随着科技的快速发展，机器人技术、编程技术、数字化及信息化技术得到广泛应用。对于焊缝轨迹相对复杂、但批量较大的产品，可通过开发智能化程度较高的机器人自动化焊接系统实现自动焊接，在汽车等工业领域应用较多。但对于焊缝轨迹复杂、批量较小的产品，尤其在民用产品领域，考虑到成本及效率因素，在相当长的一段时期内，手工焊接仍将是主体工艺，并在工业领域发挥着不可替代的作用。

二、 手工焊接的未来发展趋势探讨

随着人们对产品品质要求的不断增强，提高手工焊接质量已经成为业内共识，而手工焊接过程控制则是影响手工焊接质量的重中之重。基于手工焊接不能完全被自动化技术所替代的认识，未来，手工焊接将朝着便于人工操作、便于过程控制、操作水平持续提升等方面发展。

1. 便于人工操作

人工操作是手工焊接的主要环节，也是贯穿手工焊接生产过程的主线。面对批量的手工焊接任务，寻找能够让人工操作更加方便的方法将成为手工焊接未来发展的一个重点方向。通过提高人工操作的便捷程度，能够降低工人的劳动强度，使得其在面对相同的任务的情况下，具备更好的操作状态。因此，无论是从质量控制角度出发，还是从人性化角度考虑，便于人工操作均是未来的发展方向。

2. 便于过程控制

加工的最终目的是获得满足一定质量要求的产品，而产品焊接质量的控制需关注从原材料到最终质量检测的全过程。因此，手工焊接将会朝着更便于控制焊接过程的方向发展。

3. 操作水平持续提升

手工焊接归根结底依赖于操作人员的技能水平。以往，受落后思想及条件的限制，诸多人员的优秀技能未能得到较好的积累、发展和传承，很大程度上限制了手工焊接从业者整体操作技术水平的提高。未来，人们将更加重视手工焊接工艺，并着力寻找更好的方式加强技能人才培训和技能传承工作，以使得手工焊接水平在积累和继承中不断提高。

第二节

手工焊接的工艺技术管理与控制

一、 手工焊接过程的一致性控制

1. 系统分析手工焊接的过程特点，找到控制方法和切入点

电弧焊接是焊接的一种基本形式，到目前为止，在焊接的应用量中仍居主要地位。该方法是对能够产生接合的两个部件的一部分进行熔化、混合，凝固后就形成了两个部件的连接。

在批量少和品种多的情况下，在科研、返工和返修的过程中，手工焊接能发挥自动焊接不可替代的作用。手工焊接与自动焊接相比，所需设备较简单，但焊接质量及一致性较难控制。

想要控制手工焊接过程，就要找到控制方法和切入点。

与钎焊、压焊相比，熔焊有自己的特点。在众多熔焊方法当中，手工焊接又具备自身的特点。

手工焊接多在采用常规自动焊技术无法实现或实现代价过高的情况下使用，焊接过程及焊缝质量影响因素涉及环节较多，潜在因素多，一致性控制难度大，焊缝可无损检测比率低，焊缝内部质量多需通过剖切、液气压试验等手段进行旁证。

控制手工焊接过程可从以下四个方面入手：一是明确影响手工焊接的主要因素；二是不断提高操作人员技能水平；三是将典型结构的操作技法规范化；四是实现过程监测。

2. 明确手工焊接过程的质量影响要素，抓准控制对象和关键点

影响焊接工序质量的因素有：人员、设备、材料、工艺方法和生产环境五个方面，简称“人、机、料、法、环”五个因素。各个因素对不同工序质量的影响程度有很大差别，应具体情况具体分析。焊接是焊接结构生产中的重要工序，影响其质量的因素也是上述五个方面。

影响手工焊接质量的要素包括环境因素、设备因素、操作因素。环境因素包括环境温度、环境湿度、有无过堂风等；设备因素包括设备性能稳定性、焊接电流、焊接电压、保护气流量等；操作因素包括熔池状态观察、焊枪角度、施焊顺序、操作技法等。不同的焊接结构所受影响因素不同，因此，针对具体结构尚需进行具体分析。

3. 将典型结构的操作技法规范化，提高过程一致性

在一个企业，具体到一个生产车间，焊工技能水平高低不同，对待典型接头结构的操作技法亦不相同。针对某一典型结构，存在不同的操作技术，但最适宜的技术只有一个。当前，随着科技的快速发展，手工焊接更多受限于接头结构形式，导致一些焊缝必须依靠手工焊接完成，此类焊缝可细分为管嘴、筋板、干涉、不可见等多种典型类型。因此，寻找到最适宜的操作技法，并形成规范化操作手册，一方面能够将高技能人才的技艺以文字形式留存和传承，另一方面能极大地促进对手工焊接过程一致性的控制。

（1）有人的地方就有竞争，就有比较。优选的典型结构操作技法必然会受到一些技能人员，尤其是高技能人员的反对或不认可，因此，在推行制度和培训之前，一定要充分做好思想动员工作，为方便推行作好环境准备工作。

（2）为了保证成文的指导手工焊接操作的技术手册能够顺利推行并发挥效果，最适宜的方式便是有一个强有力的管理制度，并试点执行。

（3）拓宽操作手册的应用范围，从起初的面向一线操作人员的技术手册拓宽到主管领导、主管技术人员，可作为新员工的入门培训教材之一，可作为主管领导了解细节工作的参考资料，亦可作为技能人才成长和进步的标杆。

（4）应用过程监测系统，提高过程透明度。目前，手工焊接过程的数据信息更多局限于人工记录和纸质存档，缺乏实效性，且不便于追溯。国内市场上已有一些具备焊接过程监测能力研发的机构，其中不乏从国外直接进口监测产品的厂商，并且这些设备和方法已在国内焊接领域尤其是军工领域得到了一定应用。虽然应用效果尚不尽如人意，但却为后续手工焊接过程控制指明了新的方向。

二、 手工焊接技术的积累与提高

随着国家工业基础水平的不断提高，以自动化加工为代表的加工制造业技术水平持续提高。与此同时，手工焊接相关技术也取得了长足进展。

要提高手工焊接的整体技术水平，要在人员技能培养及技能传承两个方面下功夫。

1. 技能培养

操作技能是影响手工焊接施工对象范围和质量的决定性因素，因此，技能培养是焊工上岗前的重要环节。同时，对于在岗焊工来说，技能培养也应该是一项持续性工作。

与其他操作技能相类似，焊接技能培养同样需要高水平技能来源（高技能人才）、教授过程（培训）及质量控制

（制度）。目前，工厂及相关焊接技能培训部门通常的做法是聘用高技能人才，制订科学严谨的培训教程，并配套执行相应的管理制度，整个培养过程过于常规，且很少革新。

提高技能培养水平的关键环节有三：其一，通过研讨分析的方式拟定技能来源，不再拘泥于技能大师的范畴，通过团队的形式明确最优技能来源。目前，大力创建的技能大师工作室和劳模创新工作室可有效承接此项任务。其二，高度重视教授过程，不应局限在“简单的理论培训+大量的实践操作”模式上，需要大胆创新，并推进“理论培训—实践操作—原理分析”的模式，让技能人员针对特定的操作技能达到理论与实际相结合、清楚原理、关键操作要点理解透彻的状态。其三，严肃技能人员培养制度，将对应考核与奖惩做到实处，避免“有师父、有培养、无考核”的模式，有效促进人才渐进式成长。

2. 技能传承

自焊接技术诞生以来，通过一代又一代焊接人的努力，在长期的工业生产过程中，积累了大量宝贵的操作技能和实践经验。然而，关于焊接技能的传承却很少得到应有的重视。同行们更重视技术创新和理论研究，却忽视了直接影响焊接质量的操作环节。

技能的传承涉及较多因素，尤其是师父本人的想法可能影响其技能的传承力度，因此，统一思想显得尤为重要。需要在全体员工中统一思想，让技能高超的焊工们都知道能够让自己多年的经验和高超的技能以资料的形式传承下去，是一件对个人、对企业、对社会都有意义的事情，同时更能明显提高企业、社会对自身技能水平的认可，以及自身的价值认同感，坚持杜绝“教会徒弟、饿死师傅”的落后思想。

三、 手工焊接工艺要求在工艺文件中体现

受工艺特点限制，手工焊接的全过程技术要求无法全部在工艺文件中体现出来，尤其是姿态、轨迹等动作信息。此外，受不同技能人员操作手法的不同，焊接工艺参数可能存在较大的区别，因此焊接设备参数也难以在工艺文件中准确控制，但诸如环境要求等可以量化考核的项目是可以完全纳入工艺文件的。

必须寻找一种适合的方式，将难以量化控制的因素控制要求体现在工艺文件中。指导工人操作的不应该是一本单一的工艺规程，还应该包括约束并指导工人操作的操作规范。具体如下：

1. 定量控制

定量控制方面应包括焊接电流、焊接电压、保护气流量等因素，需要在操作规范中明确具体控制范围。

2. 定性控制

定性控制要求是操作规范的控制难点，同时也是关键环节。定性控制的内容应包括操作姿态、焊接速度、电弧高度、填丝位置和速度等焊接过程因素。此外，对于焊接环境温湿度、待焊部位焊前清理状态确认、焊后清理等工作均应给出控制要求。

第三节

手工焊接的生产现场管理

一、 人员管理

人员管理应体现在重视持证上岗、论级分工、结果考核三个方面。

1. 持证上岗

针对某产品的操作者，在上岗前必须确认其是否满足要求，要求做到持证上岗。

2. 论级分工

操作人员按技能水平的高低分为不同级别，产品按照焊缝复杂程度和焊缝等级要求亦可分为不同级别。管理人员需根据不同焊缝确定不同级别的操作人员，并严格划分，杜绝错级施工。

3. 结果考核

对施工结果的考核是控制焊接质量的一个有效措施，考核方法尤为重要。

二、 设备管理

设备管理体现在重视合理布局、正常运行、安全可靠三个方面。

1. 合理布局

设备布局属于工艺布局的范畴，重点关注生产模式，针对生产线、制造单元、配套操作工位有着不同的工艺布局要求。因此，设备布局需要关注工艺布局的规范要求。

2. 正常运行

手工焊接设备一般是经常移动的，所以要时时关注设备运转过程中的运行情况。设备运转过程中的各线路接口等应处于正常状态，设备参数应稳定输出，保障焊接过程不因设备不稳定而间断或出现异常。

3. 安全可靠

安全是生产现场受限需要考虑的问题。设备应处于安全操作位置，不影响物料周转，并便于人工操作。此外，需关注焊枪与焊接电源之间、焊接电源与配电柜之间的接线是否正常。

三、 物料管理

物料管理遵循明显区分、井然有序、全程追溯三个原则。构建以焊丝为导向的工艺布局，氩弧焊接现场整体上分为自动焊区和手工焊区，对不同区域采用不同的工艺布局。

1. 自动焊工位

引入“现场信息控制系统”。自动焊焊丝以整盘形式使用，焊丝盘上的标识牌通过“现场信息控制系统”与产品上的待焊焊缝进行对接，在认证通过后方可进行焊接。

2. 手工焊工位

根据焊丝种类不同，将手工焊接划分为不同的操作工位。手工焊焊丝以分段形式使用，在每个操作工位执行“人动、设备不动、焊丝不出区”的原则，即达到在指定工位仅有一种牌号焊丝的状态，操作人员按生产派工在不同工位间转换，但焊丝不出工位。

四、 环境管理

环境管理主要体现在满足要求、操作舒适、节能减排三个方面。

1. 满足要求

环境温度和湿度对焊接质量有着直接的影响，因此环境温度和湿度是焊接现场的两个控制点。此外，出于职业健康角度考虑，通风、除尘、照明、噪声等因素也是现场环境管理要重点考虑的环节。

2. 操作舒适

操作舒适程度对于控制手工焊接质量具有重要的影响，尤其是在温度极热或极冷的情况下，焊工很难以最佳身心状态投入焊接操作，对焊接质量将造成不可控制的影响。因此，在现场环境满足工艺及健康要求的基础上，还需考虑操作舒适程度的控制。现场“6S”管理是控制生产现场环境的有效手段，企业可以尝试推广。

3. 节能减排

现场环境的管理不是一刀切，温度、湿度、通风、除尘、照明、噪声等均需要时刻控制。作为企业管理人员，必须注意节能与减排工作，成本也是必须考虑的因素，需要形成实用、完整的现场环境管理制度，包括在不同的季节、不同的天气，各类资源如何效益最大化的使用问题。

第八章 手工焊接的生产安全

焊接技术是现代工业生产中一种重要的金属加工工艺，在建筑、桥梁、造船、化工以及航空航天等许多领域都得到了广泛应用。近50年来，随着等离子弧焊、电子束焊、激光焊等先进焊接方法的不断涌现，焊接技术已经达到了一个新的水平，使焊接技术在生产上的应用范围日趋扩大，随之也出现了新的不安全与不卫生因素。

焊接过程常利用电能或化学能转化为热能来加热焊件，焊接时会与电、易燃易爆气体、压力容器等接触，在焊接过程中还有可能产生焊接烟尘、弧光辐射、有害气体、高温辐射、高频磁场、噪声等危害因素，尤其是手工焊接操作人员必须近距离与上述危害因素接触。如果焊接人员不熟悉有关焊接方法的安全技术以及焊接安全操作规程，就可能引起触电、灼伤、火灾、爆炸、中毒、窒息等事故。因此，焊接生产人员必须深刻了解焊接安全技术，熟知在焊接过程中的危险源种类，掌握消除职业健康危害的各项技术措施。

第一节

焊接中的常见事故、原因以及安全防护措施

一、发生电击事故的原因

电流通过人体内部，破坏心脏、肺部或神经系统的功能叫电击，通常称触电。电击是所有利用电能转化为热能的焊接工艺（如手工电弧焊、氩弧焊、二氧化碳焊、等离子弧焊等）共同存在的主要危险。电击事故会使人产生麻感、针刺感、压迫感、打击感、痉挛、疼痛、呼吸困难、血压异常、心律不齐、窒息、心室颤动等症状。

发生电击事故的主要原因如下：

1. 直接原因

（1）焊接人员在焊接操作中，手和身体其他部位接触到焊条、电极或焊枪等带电部位，而脚或身体其他部位对地和金属结构之间又没有绝缘防护。

（2）焊接人员在接线、调节焊接电流或移动焊接设备时，手或身体某部位接触到接线柱、极板等带电体。

（3）焊接人员在登高焊接时触及或靠近高压网引起的触电事故。

2. 间接原因

（1）人体接触到焊接设备外壳、电缆等漏电部位。

（2）操作过程中触及绝缘破损的电路、胶木闸盒破损的开关等。

（3）焊接人员操作不当，带电体与人体形成回路。

（4）焊接设备、电缆与厂房内的金属结构形成焊接回路。

二、引发火灾和爆炸事故的原因

爆炸是指物质在瞬间以机械功的形式释放出大量气体和能量的现象。在焊接过程中，由于电弧温度很高并产生大量的金属火花飞溅物，还可能会与可燃及易爆的气体、易燃液体、可燃的粉尘或压力容器等接触，引起火灾甚至爆炸。

引发火灾和爆炸事故的主要原因如下：

（1）距焊接场地 5 ~ 10m 范围内有棉纱、油漆、汽油、煤油、木屑等易燃、易爆物品，作业时金属火花飞溅而引起的火灾或爆炸。

（2）焊接场所通风、散热不良引起焊接设备过热。

（3）焊接操作时线路超负荷或发生短路。

（4）焊接操作时接触部位的电阻过大。

（5）工作面通风、散热不良引起设备过热。

（6）可燃气体（如乙炔、天然气等）与氧气或空气均匀混合到一定程度，遇到火源便发生爆炸。

（7）在密闭容器或正在受压的容器上进行焊接时可能会产生爆炸。

三、 安全防护措施

1. 电击事故防护措施

（1）焊工必须穿戴好符合规定的工作服、绝缘鞋、专用手套、焊接面罩、焊接护目镜等。

（2）焊接操作前，应先检查焊接设备是否保护性接地或设置接零装置。

（3）焊机外壳必须有完好的绝缘保护，接线头不裸露，焊机各部分连接牢靠，不松脱。

（4）焊接电源必须独立使用，而且要有足够的容量，能保证与焊接操作匹配。

（5）焊钳应有可靠的绝缘。中断工作时，焊钳要放在安全的地方，防止焊钳与焊件之间产生短路而烧坏焊机。

（6）闭合和断开电源时，应穿戴好绝缘用品。停机时，先关闭焊机电源，再关闭总电源开关。

（7）弧焊设备的初级接线、修理和检查应专门由电工进行。电焊工可进行次级接线连接。

（8）更换焊条时，焊工应戴好手套，避免身体与焊件接触。

（9）遇到焊工触电时，应立即切断电源，切不可赤手去拉触电者。

（10）在容器内部施焊时，照明电压应采用12V。登高作业时不可将电缆线缠在身上或搭在背上。

2. 火灾和爆炸事故防护措施

（1）焊机周围应通风、散热良好。

（2）焊接作业场所禁止放易燃、易爆品，焊接场地10m范围内不应贮存油类或其他易燃、易爆物质的贮存器皿或管线、氧气瓶。

（3）焊接电缆必须柔软、耐油、耐热、耐腐蚀、合乎规格，长度以20~30m为宜。

（4）严禁在有压力的容器、密封罐以及储存汽油、煤油、挥发性油脂的容器上进行焊接，必须清洗掉易燃、易爆物质，解除容器压力，消除容器密闭状态，才能进行焊接。

（5）不准在手把或接地线裸露情况下进行焊接，也不准将二次回路线乱接乱搭。

（6）离开施焊场地，应关闭电源、气源，熄灭火种等有可能引起火灾、爆炸的隐患，确认安全后方可离开。

第二节

电弧辐射的危害及防护

焊接电弧温度可达3000℃以上，在此高温下可产生强的弧光。电弧辐射主要产生可见光、红外线和紫外线三种射线，而不会产生对人体危害较大的X光线。弧光辐射到人体上被体内组织吸收，引起组织的热作用、光化学作用和电离作用，致使人体组织发生急性或慢性损伤。

一、电弧辐射的危害

电弧辐射所发出的可见光亮度比人眼所能安全忍受的光线要强上万倍。过强的可见光会使人目眩、流泪，甚至造成暂时性失明，通常叫电焊“晃眼”。焊条电弧焊可以产生全部波长的红外线（760~1500nm），红外线属于热辐射线，波长越短对人体危害作用就越强。长波红外线可被皮肤表面吸收，使人产生热的感觉；短波红外线可被组织吸收，使血液和深部组织发热，产生灼伤。

眼睛受到短波红外线的辐射，会使眼球晶体变化，长时间照射会导致白内障发生。波长范围为233~290nm的紫外线具有强烈的生物学作用，可以被皮肤深部组织真皮吸收，造成严重灼伤。皮肤受电焊弧光强烈紫外线作用时，可引起皮炎，呈弥漫性红斑，有时出现小水泡、渗出液和浮肿，有烧灼感并发痒。电焊弧光紫外线作用严重时，还伴有头晕、疲劳、发烧、失眠等症状。因电焊弧光紫外线过度照射所引起的急性角膜炎、结膜炎，称为电光性眼炎，若长期受紫外线照射会引发水晶体内障眼疾。

二、焊接电弧辐射的防护措施

（1）在焊接作业区严禁直视电弧。焊接操作者与辅助工都要有一定的防护措施，应配戴专业滤色玻璃的面罩或眼镜。面罩上的滤色玻璃即电焊护目镜片应该根据不同的焊接方法及同一焊接方法的不同电流、母材种类及厚薄等条件的差异选择不同的编号。护目镜片的编号是按护目镜片颜色的深浅程度而定的，由浅到深排列。目前电焊护目镜片的深浅色差共分 7、8、9、10、11、12 号数种，浅色为小号，深色为大号。

为防止面罩与护目镜片之间漏光，可在中间垫上一层橡胶片，同时可在滤色玻璃外面镶嵌一块普通透明玻璃，以避免金属飞溅而损坏护目镜片。

（2）施焊时，焊工应穿着规定的标准防护服。焊工专用的工作服应是白色的，可以防止光线直接照射到皮肤及防止飞溅物落到身上。

（3）施焊场地应用围屏或挡板与周围隔离。为保护焊接工地其他人员的眼睛，一般在小件焊接的固定场所的主要防护措施是设置围屏或挡板。围屏或挡板的材料最好是耐火材料，如石棉板、玻璃纤维布、铁板等，并涂以深色，其高度约1.8m，屏底距地面为0.25~0.3m，以保证空气流通。

当周围有其他人员时，焊工有责任提醒他们避开，以免弧光伤眼。周围工作人员应佩戴一般防护眼镜。

（4）注意让眼睛适当休息。焊接时间较长、使用的焊接参数较大时，焊接操作者应注意中间休息。如果已经出现电光性眼炎症状，应及时治疗。焊工在实践中创造了许多简易可行的治疗办法，如用黄瓜片覆盖眼睛等，可以收到较好的疗效。

（5）施焊场地必须有较强的照明，一方面便于焊接操作，另一方面可以减轻弧光对焊工眼睛的刺激。

第三节

焊接烟尘和有害气体的危害及防护

焊接烟尘也被称为金属烟尘，焊接电弧的高温将使金属产生剧烈的蒸发，使得焊条和母材金属在焊接时会产生各种金属烟气，形成金属有毒气体，这些有毒气体和烟气在空气中凝结、氧化，会形成粉尘。此外，在焊接电弧的强烈紫外线作用下，在弧区周围可形成多种有毒有害气体，主要有臭氧、氮氧化物、一氧化碳和氟化氢等。

焊接烟尘与有毒气体可以从人的呼吸道、消化道、皮肤黏膜三个途径进入人体。其中，最主要的途径是呼吸道。从呼吸道吸收的毒物，不先经过肝脏解毒，而是直接进入血液，遍布到全身，因此，有害作用比较强而迅速。由于接触焊接烟尘的人数最多，所以金属焊接烟尘是焊接过程中影响人体健康的有害因素中影响范围最大的有害因素。

一、 焊接烟尘与有害气体对人体的危害

1. 焊接烟尘的危害

焊接产生的金属粉尘成分复杂，不同成分的金属粉尘对人体的危害也有所不同。主要危害如下：

（1）强烈刺激呼吸道。当金属氧化物、氮氧化物、臭氧等毒物进入人的呼吸道后，受这些毒物刺激，人会出现咽喉干痛、发痒、咽部充血、发炎等症状，严重的可能会出现急性化学性肺炎或肺气肿。

（2）引起慢性中毒。当焊工长时间工作在含有金属蒸气的环境中时，会引起慢性中毒，如吸入锰会引起哮喘和血液病，吸入氧化铁会引起焊工尘肺等。

（3）引起“金属热”病。“金属热”是由于人体大量吸入氧化铁、氧化锰微粒和氟化物等物质以后发生的一种发热

反应，患者可能表现为寒战、发烧、倦怠、口内金属味、恶心、喉痒、呼吸困难、胸痛、食欲不振等症状。其中，锰蒸气和铜粉尘的危害尤其明显。

2. 有毒气体的危害

（1）臭氧危害。在短波紫外线的激发下，空气中的氧被大量地破坏而生成臭氧。臭氧主要对人体的呼吸道及肺有强烈刺激作用。当人体长时间吸入较高浓度（≥10mg/m3）臭氧后，会有明显的呼吸困难、胸痛、胸闷、咳嗽、咳痰的症状，严重的会引起肺水肿。其对人体的作用是可逆的，脱离接触后可得到恢复。

（2）氮氧化物危害。氮氧化物是由于电弧高温作用引起空气中氮氧分子离解，重新结合而形成的。氮氧化物对人体的危害主要是对肺有刺激作用，氮氧化物中毒多体现为以呼吸系统急性损害为主的全身性疾病。慢性氮氧化物中毒时的主要症状是神经衰弱，如失眠、头痛、食欲不振、体重下降。此外，还可以引起慢性支气管炎及皮肤过敏、牙齿酸蚀症等。重度中毒时，咳嗽加剧，可发生肺水肿、呼吸困难、虚脱等症状。

（3）一氧化碳危害。一氧化碳是二氧化碳气体在电弧高温作用下分解形成的，经由呼吸道吸入，使氧在体内的输送或组织吸收氧的功能发生障碍，造成组织内缺氧，出现一系列缺氧的症状和体征。焊接时，一氧化碳中毒主要表现为对人的慢性影响，长期吸入低浓度的一氧化碳，可出现头痛、头晕、面色苍白、四肢无力、体重下降、全身不适等神经衰弱综合征。

（4）氟化氢危害。氟化氢主要产生于手工电弧焊。焊条药皮中，通常含有萤石和石英石，在电弧高温作用下形成氟化氢气体。长期处于氟及氟化氢或蒸气环境中，可对眼鼻、呼吸道黏膜产生刺激，引起流泪、鼻塞、咳嗽、气急、胸疼，并使腰背、四肢关节疼痛，严重会引起氟骨症。

二、 焊接烟尘与有害气体的防护措施

电弧焊接区的通风是排除粉尘和有毒气体的有效措施。通风的方式有全面通风和局部通风两种，一般局部通风效果比较显著。

（1）焊接场地全面通风。在专门的焊接车间或焊接工作量大、焊机集中的工作地点，应考虑全面机械通风，可集中安装数台轴流式风机向外排风，使车间经常更换新鲜空气。

（2）焊接场地局部通风。局部通风分为送风和排气两种。局部送风只是暂时地将焊接区域附近作业地带的有害物质吹走，这种方法虽然对作业地带的空气起到了一定的稀释作用，但可能污染整个车间，起不到排除粉尘和有毒气体的目的。

局部排气是目前采取的通风措施中使用效果良好、方便灵活、设备费用较少的有效措施。局部排气通常是在焊枪附近安装小型通风机械，如排烟罩、排烟焊枪、强力小风机和压缩空气引射器等，这样就可以将粉尘和有毒气体排出车间。

（3）在封闭容器或仓室里焊接的通风。在封闭容器或仓室里焊接作业时，最好上下都有通风口，使空气对流良好。除了使用排气机，必要时可用通风管把新鲜空气送到焊工身边，但是严禁把氧气送入，防止发生燃烧。在特殊情况下，可使用焊工用的可换气防护头盔。

（4）充分利用自然通风。焊接车间必须保证一定的面积、空间和高度，这样，若能正确地调节侧窗和天窗，则可以形成良好的通风。能露天焊接的焊件，尽量露天焊接。一般情况下，只要保证焊接场所的自然通风，适当采用通风装置，焊工操作时在上风口，就能起到防毒、防尘的作用。

（5）合理组织、调度焊接作业。避免焊接作业区过于拥挤，以免形成更大的危害，因为过于拥挤会造成粉尘和有毒气体聚积。

（6）积极采用焊接新工艺、新技术，扩大机械化焊接和半机械化焊接的使用范围。

另外，目前在机械零件中使用的某些塑料制品受热后会分解产生有毒气体。因此，在对零件进行焊接前，应把塑料消除掉。若无法消除，焊接时应该使用专用防毒工具，同时应保证把焊接烟尘排出，防止中毒。

第四节

高温热辐射的危害及防护

焊接电弧可产生3000℃以上的高温。手工电弧焊时，电弧总热量的20%左右散发在周围空间。而且，电弧产生的强光和红外线还会对焊工造成强烈的热辐射。红外线虽然不能直接加热空气，但在被物体吸收后，辐射能转变成热能，使物体成为二次辐射热源。因此，焊接电弧是高温强辐射的源头，尤其是夏天，必须采取措施防暑降温，否则还会引起中暑。

中暑是在高温环境影响下，由于体温调节功能紊乱或繁重体力劳动所致的急性疾病。发病时常常表现为突然晕倒、意识丧失，严重的还伴有发烧、肌肉痉挛等症状。

遇到这种情况，应立即把中暑人员抬到阴凉通风的地方，让其安静地躺着，为其解开衣扣，用冷水擦身，用湿毛巾冷敷额部。如其呼吸停止，需要施行人工呼吸。病情严重者应立即送往医院急救。

加强焊接工作场所机械通风或自然通风，是防暑降温的重要技术措施，尤其是在锅炉等容器或狭小的舱间进行焊、割时，应向容器或舱间送风和排气，加强通风。

在夏天炎热季节，应及时为人体补充水分，给焊工供给一定量的含盐清凉饮料，也是防暑降温的有效措施。